HZ Books

华 章 图 书

一本打开的书，一扇开启的门，

通向科学殿堂的阶梯，托起一流人才的基石。

www.hzbook.com

云计算与虚拟化技术丛书

Ceph
企业级分布式存储
原理与工程实践

景显强 龚向宇 黄军宝 ◎著

Enterprise Distributed Storage on Ceph
Principle and Engineering Practice

机械工业出版社
China Machine Press

图书在版编目（CIP）数据

Ceph 企业级分布式存储：原理与工程实践 / 景显强，龚向宇，黄军宝著 . -- 北京：机械工业出版社，2021.9

（云计算与虚拟化技术丛书）

ISBN 978-7-111-69046-7

I. ① C…　II. ①景…　②龚…　③黄…　III. ①分布式文件系统　IV. ① TP316

中国版本图书馆 CIP 数据核字（2021）第 178909 号

Ceph 企业级分布式存储：原理与工程实践

出版发行：机械工业出版社（北京市西城区百万庄大街 22 号　邮政编码：100037）

责任编辑：董惠芝　　　　　　　　　　　　　　责任校对：殷　虹

印　　刷：三河市宏达印刷有限公司　　　　　　版　　次：2021 年 9 月第 1 版第 1 次印刷

开　　本：186mm×240mm　1/16　　　　　　　印　　张：15.75

书　　号：ISBN 978-7-111-69046-7　　　　　　定　　价：89.00 元

客服电话：（010）88361066　88379833　68326294　　投稿热线：（010）88379604

华章网站：www.hzbook.com　　　　　　　　　　读者信箱：hzjsj@hzbook.com

随着全球开源项目数量呈指数级增长，各国政府纷纷推出开源政策，用户选择开源解决方案成为一种新的趋势。开源治理理念的兴起源自开源技术的企业级解决方案越来越多地服务于企业数字化和云转型战略。

Red Hat 作为开放生态系统的倡导者和践行者，见证了开源从无到有不断壮大的过程。开放生态系统对 IT 创新产生了深刻影响，其倡导的非锁定、任何应用下和任何环境中体验一致的开放混合云愿景是面向未来之路。这条路需要大家一起努力，将力量和资源凝聚在一起，共创一个强大而生机勃勃的生态系统，最终为企业创造价值，并引领行业发展。

在开放生态的大环境下，本书涉及的 Ceph 在开源分布式存储解决方案中占有非常重要的地位。借助 Red Hat 巨大的开源生态系统和社区投入，Ceph 技术的全球影响力以及服务的用户数量呈爆炸式增长。通过合理的规划和建设，企业可以节约大量成本，提高数据的安全性，并降低运维的复杂度。

关于本书的面世，我期待已久，也非常高兴，并在定稿后第一时间阅览了初稿，在此诚挚地向大家推荐。本书几位作者在 Red Hat 中国拥有多年工作经验，是 Ceph 领域的资深技术专家。他们丰富的实战经验及对 Ceph 技术的深度剖析体现在本书的字里行间，定会让读者受益匪浅。

本书也是国内不多见的，从理论、技术实战到企业应用，全方位对 Ceph 进行系统性论述的佳作。全书分为三部分：首先是 Ceph 原理，为正在规划 Ceph 的企业或用户提供理论依据和细致的技术说明；其次是 Ceph 实战，重点介绍在生产环境中的各种考虑因素，以及如何动手规划、部署和管理自己的 Ceph 集群；最后是 Ceph 应用，介绍包括 IaaS、PaaS 在内的不同场景下集成的方法，为企业使用和落地提供必要的参考依据。

最后，再次感谢作者的分享。相信本书会对企业利用 Ceph 技术实施信息化创新实践提供参考和帮助！

梁春

Red Hat 中国资深解决方案架构师经理

为什么写作本书

本书的几位作者都曾在大型企业工作，技术方面各有所长，在企业项目规划和交付过程中都积累了很多经验。一次偶然的机会，我们谈论起分布式存储话题，谈到系统落地的各种困难，为企业客户做的各种努力，以及未来这项技术的发展趋势，一致觉得写一本关于分布式存储的书把工程实践经验分享出来是一件有意义、有价值的事。

在云计算、大数据、AI 等技术的发展浪潮推动下，企业数据中心的数据存储形式要求既要兼顾传统业务的数据安全，又要保证云计算平台的数据安全，同时企业存储选型还要兼顾性能、成本、易用性、扩展性等。Ceph 作为分布式存储方案，已经获得全球众多企业认可，在开源社区项目中的影响力巨大。在经过 20 多年的发展后，Ceph 已经在性能和稳定性上取得了突破性进展。众多企业已经开始尝试将 Ceph 作为其数据中心分布式存储的开源方案。但能完整地指导企业用户落地分布式存储的相关资料还很少，因此我们坚定了编写本书的决心。

本书包括原理、实战和应用，逐步引导企业落地 Ceph，同时帮助企业相关人员在方案落地后对 Ceph 进行优化和持续运维，推动企业数据存储方案的转型，助力企业在云计算、大数据、AI 等技术上稳步发展。

读者对象

本书适读人群如下：

- ❑ 分布式存储技术爱好者
- ❑ 企业系统管理员
- ❑ 企业云资源管理员
- ❑ 企业平台架构师
- ❑ 企业数据中心信息官

如何阅读本书

本书分三部分进行讲解，包括原理、实战、应用。

原理部分（第 1 ~ 4 章）介绍 Ceph 的基本理论、实现原理，对初学者很有帮助。

实战部分（第 5 ~ 13 章）介绍工程实践、规划集群、部署落地、使用及容灾，以及如何落地 Ceph 集群并对其进行运营，对投产人员和爱好者有着很重要的指导意义。

应用部分（第 14 ~ 16 章）主要讲解 Ceph 集群工程实践示例，例如搭建企业云盘以及 Ceph 和 OpenShift、OpenStack 等平台的集成，介绍集成时使用的主要技术手段，对具体应用相关技术的专家有很重要的指导意义。

如果你对 Ceph 集群了解较少，可以先从原理部分开始，掌握基本知识后，再通过实战部分构建自己的 Ceph 集群，最后根据实际需求落地应用。实战部分使用的开源 Ceph 方案在后续版本中会有所变动，但本书当前选定的版本仍然可以作为参考来指导 Ceph 的落地。

在线资源获取

笔者在编写过程中参考了 Red Hat 官方的相关技术文档、Ceph 的官方指导文档。如果你在阅读过程中有疑问，可以访问如下网站获取相关内容。

- ❑ https://access.redhat.com/documentation/en-us/red_hat_ceph_storage/4/html/hardware_guide/index
- ❑ https://access.redhat.com/documentation/en-us/red_hat_ceph_storage/4/html/architecture_guide/index
- ❑ https://access.redhat.com/documentation/en-us/red_hat_ceph_storage/4/html/configuration_guide/index
- ❑ https://access.redhat.com/documentation/en-us/red_hat_ceph_storage/4/html/object_gateway_for_production_guide/index
- ❑ https://access.redhat.com/documentation/en-us/red_hat_ceph_storage/4/html/file_system_guide/index
- ❑ https://access.redhat.com/documentation/en-us/red_hat_ceph_storage/4/html/storage_strategies_guide/index
- ❑ https://docs.ceph.com/en/latest/

本书勘误

由于 Ceph 更新很快，书中的内容无法与 Ceph 社区的最新内容同步，但这不影响你在阅读过程中获取相关经验。如果对书中内容有疑问，欢迎发送邮件至 ceph@bt-linux.org，我们可以共同讨论。期待你的联系。

致谢

书稿终成，掩卷思量，饮水思源，在此，诚挚感谢在本书编写期间提供帮助和支持的所有人。

首先，本书的成稿离不开众多鲜活的客户案例，在此感谢所有提供使用反馈的客户和技术专家。你们的认可和支持为我们编写本书提供了巨大动力。

其次，感谢各位领导、专家的大力支持，感谢你们提供的技术素材、推荐、评语、资源。各位领导、专家的支持让我们坚定了写书的信念，再次感谢你们。

最后，感谢让本书得以付梓的幕后英雄，包括提供经验指导的同人以及机械工业出版社华章公司的编辑。你们的付出使本书得以出版，感谢你们。

Contents 目　　录

第二部分 Ceph 实战

Ceph 原理

在云计算大潮的推动下，数据量开始激增。众多企业在考虑系统容量、性能、扩展性、成本等因素的同时，还要考虑满足数字化转型的要求，适配多种云平台后端存储使用场景，因此分布式存储开始受到重视。Ceph 在开源分布式存储解决方案中占有非常重要的地位。企业如果将分布式存储建设合理规划，可以在存储上节约很多成本，同时能提高数据的安全性，降低运维的复杂度。

本书的第一部分主要介绍 Ceph 的基本原理，为正在规划 Ceph 的企业或爱好者提供理论依据。企业只有在了解 Ceph 的工作原理后，才能放心地采用这种技术，对使用过程中遇到的种种现象进行合理判断。

Ceph 概述

分布式存储方案有很多种，Ceph 是其中一种。在开源社区的大力支持下，分布式存储技术发展稳健，引发全球企业用户存储方案的变革。但尚有大量企业用户对分布式存储不熟悉。如果采用分布式存储，那么企业内哪些类型的数据可以存储到分布式系统上？Ceph 在众多分布式存储解决方案中具有什么样的地位？本章将为大家阐述这些问题。

1.1 软件定义存储

本节主要介绍软件定义存储的基本概念、工作机制、采用软件定义存储后有哪些好处，以及相比于传统存储解决方案，软件定义存储具有的独特优势。

1.1.1 基本概念介绍

软件定义存储是指存储软件与硬件分开的存储体系结构。与传统的 NAS 或 SAN 存储系统不同，软件定义存储能在任何行业标准的 x86 架构服务器上部署和运行，消除了软件对专有硬件的依赖。

将存储软件与硬件解耦后，用户可以根据需要扩展存储容量，不必费力地添加其他专有硬件。另外，它还允许用户在需要时升级或降级硬件。软件定义存储方案将给用户在存储方面带来极大的灵活性。

假设多个 x86 服务器有不同容量的存储单元，且都需要借助不同种类的存储软件才能使用这些存储单元，那么存储和运维管理将是一件非常痛苦的事情。而软件定义存储允许将这些硬件上的存储单元重新规划，并将其全部变成灵活且可扩展的存储单元。借助软件定义存储，我们几乎可以随时按需对存储容量进行调整，从而使成本效益达到最佳，同时提高存储的灵活性和扩展性。

软件定义存储是超融合基础架构生态系统的一部分，即所有软件与硬件解耦，可以让你自由选择要购买的硬件以及根据需求购买和规划存储容量。

在大多数情况下，软件定义存储应该具有以下特点。

- ❑ 自动化：安装部署、扩容、运维等全面自动化，可降低成本。
- ❑ 标准接口：用于管理、维护存储设备和服务的应用程序编程接口。
- ❑ 写入类型多样：支持应用程序通过块、文件和对象接口写入数据。
- ❑ 扩展性：在不影响性能的情况下，可无限扩展存储容量。
- ❑ 透明性：软件定义存储中的软件自身能够监控和管理存储空间使用情况，同时让用户知道哪些资源可用，新数据如何放置，数据的完整性如何保证等。

1.1.2　软件定义存储工作机制

传统的存储是一体化方案，将硬件（通常是行业专有硬件）和专有软件捆绑销售。软件定义存储的有用之处在于它不要求绑定任何特定的硬件，即采用通用的 x86 架构服务器即可完成存储软件的安装和运行。

通常来说，软件定义存储会将存储操作的请求抽象化，而不是对实际存储的内容进行抽象。它是物理存储设备和数据请求之间的软件层。你可以控制数据的存储方式和位置。软件定义存储提供了存储访问服务、网络服务和存储单元连接服务。

1.1.3 软件定义存储的优势

软件定义存储主要有以下 6 个优势。

（1）避免技术锁定

通常情况下，我们选择的存储软件不一定与出售硬件的公司是同一家，这些提供硬件的公司也不一定有软件定义存储软件，即便有相关的软件定义存储方案也未必是最佳的方案。因此，你可以自由地选择软件定义存储软件方案，随后使用商用的 x86 服务器来构建基于软件定义存储的存储集群，避免软件或者硬件厂商的技术锁定。

（2）节省成本

软件定义存储是分布式的，可以横向扩展（无限增加存储节点），而不是纵向扩展（在单一节点上添加存储资源、CPU、内存等），从而实现按需调整容量。

（3）介质多样

软件定义存储可以使用多种存储介质，比如 SAS 盘、SATA 盘、SATA SSD、NVME SSD、虚拟磁盘。以上存储介质可以构建成统一的存储资源池。

（4）简化运维

软件定义存储的存储节点或者磁盘发生故障时，集群会自动调整数据副本数量，保障数据安全，并在数据发生变化的时候，保证数据在各节点上均匀分布。软件定义存储提供了多种存储对外接口，使得很多传统的存储使用场景中的数据可以集中到一个集群，以便统一管理，降低运维多套存储设备的复杂度，减轻运维压力。

（5）扩展性强

软件定义存储基于 x86 架构服务器，使用网络协议构建存储集群。其特点是存储节点可以动态添加。当容量不足的时候，其可以通过添加新的存储节点实现横向扩容。理论上讲，这意味着它可以无限扩展，即容量无限。

（6）云存储

在互联网高速发展，公有云、私有云、混合云共生的前提下，多种云平台的数据存储形式开始向分布式存储转变。软件定义存储为云平台后端存储提供了无缝对接方案，满足分布式存储要求，同时兼顾性能和安全。

1.2　Ceph 的发展史

Ceph 的发展史可以分为 4 个阶段。

❑ 研究阶段
❑ 孵化阶段
❑ 商业化阶段
❑ 成熟阶段

1.2.1　研究阶段

Ceph 最早是加州大学 Santa Cruz 分校的一个研究项目，项目创始人 Sage Weil 被誉为"Ceph 之父"。Ceph 最初的研究目标是围绕文件系统使用场景构建一个可水平扩展的基于对象的文件系统，用于数据中心高性能计算。

最初，Ceph 利用了几种技术，包括 EBOFS（针对对象工作负载的文件系统）、CRUSH 算法、RADOS（为 Ceph 提供支持底层对象存储的算法）等，并且这几项技术的监控部分在集群内部实现，这样做的主要目的是实现存储智能化。存储集群应该是一个智能的存储节点集群，而不是拥有大量"哑"磁盘的集群。要实现这样有感知的集群，需要创建一个全新的架构。当然，在整个 Ceph 设计过程中，重点还是构建一致的、可靠的存储集群，没有单点故障。

该项目早期阶段的名字叫 Cephalopod（软体动物），后来演变成 Ceph。它早期还有一个可爱的 LOGO，如图 1-1 所示。

Sage 在 Ceph 的研究工作接近尾声时，开始与许多传统存储供应商谈论 Ceph 及其在该项目中所做的工作，试图谋求与企业的合作，但结果都不理想。他看了很多和他有类似处境的人的经历后发现，这些人要么被大公司聘请作为研究员而放弃了自己研发的项目，要么将自己研究的项目合并到企业的大型专有系统里。他意识到行业巨头需要的是人，而不是你的项目。加上一些外部环境因素的限制，以及 Ceph 项目自身缺少某些关键的企业功能（快照、克隆、配额等），Sage 决定采用一种新的方式去推广 Ceph。

图 1-1　Ceph 早期 LOGO

他的想法是通过开放源代码的方式改变 Ceph，从而影响存储界，进而效仿 Solaris、Ultrix、Irix 等公司的发展模式。为了实现此目标，他决定使用 LGPL v2 许可证。该许可证既具有灵活性，又具有可控性。另外，Ceph 还规定任何个人贡献的代码都可作为自身的财产。Ceph 项目于 2006 年正式开源，代码存放在 SourceForge 中。

1.2.2　孵化阶段

Ceph 早期项目完成后，Sage 获得了博士学位。随后他回到洛杉矶，继续在 DreamHost 公司（Sage 是这家公司的联合创始人）研发 Ceph，并取得了如下成果。

❑ Native Linux Kernel Client（2007）

❑ Per-directory Snapshots（2008）

❑ Recursive Accounting（2008）

❑ Object Classes（2009）

❑ Librados（2009）

❑ RGW（2009）

❑ Strong Authentication（2009）

❑ RBD（2010）

在 Ceph 孵化阶段的早期，Sage 和他的团队意识到 Linux 本地客户端的支持很重要。但当时，该客户端是基于用户空间文件系统开发的，运行速度慢。为了让人们更重视 Ceph，他们需要有一个可以与系统通信的本地高性能 Linux 客户端。

于是，Sage 通过多方探索，开始开发 Linux 本地客户端。当他们将写好的代码提交到 Linux 内核时，前两次尝试均失败。Linus 质疑该客户端的有用性，并认为其功能不成熟。值得庆幸的是，后续一些社区开发人员发表了支持这项工作的言论。最终在 2010 年提交 2 万行补丁后，Andrew Morton 同意接纳该 Linux 本地客户端。Linus 将其合并到 Linux 2.6.34 内核主线中。

被 Linux 内核接受这件事在 Ceph 的历史上有着至关重要的作用，意味着它已经成为更大的生态系统的一部分。这时，Sage 意识到他们不需要把所有要做的技术都在 Ceph 内实现，可以依靠其他项目来完成。这也是 Sage 抛弃 EBOFS 而使用其他文件系统的主要原因。Sage 最初选择了 Btrfs（具有写时复制、循环冗余校验等优点），但最终证明它对于生产用例还不成熟，后来选择了 XFS 和 Ext4（这两种文件系统成为生产部署时的主要选择）。

尽管 Ceph 已经做了很多改变，也取得了很多成绩，但是在实际使用中还是非常不稳定。Ceph 真正迈入商业化之路是在 DreamHost 决定使用 Ceph 构建与 S3 兼容的对象存储服务时。此时，Sage 及其团队专注于提高稳定性，并开始考虑诸如自动化测试和代码审查之类的事情。

随着项目的不断成熟，其他公司开始对 Ceph 产生兴趣。此时，Ceph 也需要一个商业实体来资助工程继续深入，以构建和测试产品。2012 年年初，Ceph 从 DreamHost 剥离出来，转入新的合资企业 Inktank。

1.2.3　商业化阶段

Ceph 转入 Inktank 是令人振奋的，因为 Inktank 团队中大多数人是开源的忠实拥护者。得益于 DreamHost 和 Mark Shuttleworth 的早期投资，Inktank 团队仔细分析了诸如 Red Hat、SUSE、Cloudera、MySQL、Canonical 等公司的商业模式，找到了构建一个开源公司和强大的社区的方法，最终制定了几个明确的目标，具体如下。

- ❏ 开发用于生产部署的稳定版本。
- ❏ 制定广泛采用 Ceph 的措施（平台支持文档、构建 / 测试基础结构）。
- ❏ 建立销售和支持团队。
- ❏ 扩大工程实践的组织。

在此过程中，Inktank 聘请了专业的代理机构来为公司和项目创建清晰的品牌。公司和项目将作为独立的品牌（Inktank 与 Ceph）发展，以促进与社区融合，并为建立一个健康的生态系统制定了"存储的未来"的发展愿景。经过这些举措后，Ceph 实现了快速部署，甚至无法追踪它的部署过程。

Ceph 历史上的下一个主要转折点是与 OpenStack 的集成。多平台支持、滚动升级和版本间互操作等功能使得 Inktank 将所有开发资源投入 Ceph 的对象和块存储部分，这主要是为了支持 OpenStack 等平台的对象和块存储的使用。将精力投入到对象和块存储后，Ceph 最初致力于研发的文件系统反倒不被平台支持，最终成为 Ceph 最后支持的部分。

随着需求的增加，公司外部贡献的代码量增多，质量也有了很大的提高。Ceph 团队在社区中看到了高水平、非 Inktank 人员开发的代码。如此巨大的外部贡献使 Ceph 团队更加努力确保开发过程透明，这也促成了 Ceph 开发者峰会（CDS）的举行。

为了促进开发模型真正开放，Ceph 开发人员每个季度组织一次在线会议，讨论即将在 Ceph 上开展的工作。有意愿为 Ceph 贡献的社区成员被要求填写一份简短的目标书。每个目标都会在 CDS 会议上讨论。贡献者可以与 Sage 及整个社区的人员讨论，使团队可以为此目标确定责任人。第一次 CDS 于 2013 年春季举办，之后每个季度举办一次。

在开发的同时，Inktank 销售团队以惊人的速度获得客户，而管理团队积极寻求另一轮融资。Inktank 创立了 Inktank Ceph Enterprise 版本，其中包括一个名为 Calamari 的专有仪表板。该仪表板使企业用户可以快速、轻松地监控 Ceph 的部署。

融资即将结束时，Red Hat 向 Inktank 倡导开放源代码的管理文化，受到很多 Inktank 内部人员的支持。

1.2.4 成熟阶段

美国东部时间 2014 年 4 月 30 日早上 8:00，Red Hat 官网消息称，Red Hat 以 1.75 亿美元收购 Inktank 公司。Inktank 的主要产品是软件定义存储的 Ceph 解决方案。至此，Ceph 开始有了正规、强大的开源企业文化和支持。如图 1-2 所示，你可以清晰地了解

Ceph 发展过程中的里程碑。

图 1-2　Ceph 的发展里程碑

因为 Red Hat 是纯开源模式运营，所以 Calamari 也在 Ceph 中自然而然地开放源代码，这对 Ceph 社区的发展具有重要的推动作用。Red Hat 的收购使 Ceph 的发展和社区互动更加紧密。在 Red Hat 巨大的生态系统下，Ceph 的产品功能和稳定度不断完善，在全球的推广更加广泛，生态系统的集成认证更加丰富，服务的企业和个人都在不断增加。

1.3　Ceph 的市场分析

企业在引入新技术的同时，面临存储选择问题。而且随着非结构化数据类型逐渐增多，存储的形态从传统存储开始向分布式存储转变，未来对分布式存储的需求将越来越大。本节主要介绍存储市场的变化趋势，洞见存储的发展趋势。

1.3.1　存储形态的转型

存储未来的发展方向是软件定义存储。市场正在从传统的专有存储产品转向软件定义存储的产品，如图 1-3 所示。在这些产品中，存储服务独立于硬件，并且基于开源软件技术实现。其关键价值在于，你不需要重构数据中心的基础架构，只需在现有条件下做很小的调整，即可将软件定义存储解决方案落地。这样既保留了现有存储服务器采购的方式，又提高了采购服务器和硬件的灵活性。如果部署专有存储，无论是硬件还是软件都将被某供应商锁定。这就是开源软件能解决供应商锁定的原因。软件定义存储方案的软件实现技术方式一定是开源（开放源代码），这样才能彻底挖掘出软件定义存储的真正潜力。

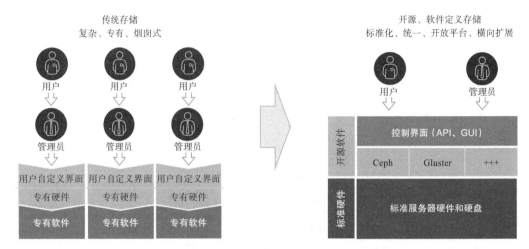

图 1-3　存储形态的转变

图 1-3 左侧是传统存储的组织形式，其中存储服务依赖底层专有软硬件。存储管理员在使用过程中会进行管控，即用户需要的时候提出申请，管理员负责创建并提供必要的存储资源。其特点是使用效率和维护成本较高。右侧软件定义存储的实现方式是控制平面和数据平面完全分开。控制平面提供服务的抽象层，通过 API 访问存储层提供的基础功能。这意味着不再需要管理员手动设置最终用户对所需存储的使用形态。软件定义存储自身提供了丰富的使用接口。同时，由于底层硬件不需要依赖专有硬件设备，因此数据中心采购存储服务器的灵活度大大增加，在标准 x86 架构服务器供应商中的选择空间更大，议价空间也更大。而软件定义存储采用开源方案实现，这使得软件服务层也消除了厂商锁定的可能。

1.3.2　存储形态演变的特点

2016 年，存储形态有了根本转变——专有硬件转变为标准的硬件。标准的硬件具有更高的互操作性，价格更低，并且有更广泛的供应链、更多的厂商设备。

通过开源技术，厂商有机会将低成本、标准化、扩展方便、可编程和灵活控制等特点融合在一起提供存储服务。与此同时，软件定义存储正在从封闭的开发流程向开放的开发流程转变，实现了更广阔的生态系统，并为越来越多的创业公司提供技术基础。

软件定义存储主要给两种类型的用户（最终用户、创业公司）带来好处。

（1）最终用户

用户可以有更多选择——从专有硬件向通用硬件的转变，使得其硬件选择更加灵活、广泛。扩展性由传统的纵向扩展向横向扩展转变，存储资源池的理论存储容量无上限，同时对于按需规划存储和兼顾容量成本有很好地平衡。

（2）创业公司

因为有开源项目在支撑，创业公司可在开源软件基础上进行二次开发，且知识产权将归自己所有。传统的存储设备需要专有软硬件。如果公司要提供这类存储，将面临更多的开发和更高的技能要求。而有了软件定义存储，这类公司可将更多的精力放在软件的完善上，大大缩短构建自己的软件定义存储产品的时间，将存储方案很快推向市场。与此同时，企业在开发自己的软件定义存储产品时，可以很好地和开源社区互通，将开发模式从封闭式开发转为开放式互动开发，提高代码质量。

1.3.3　软件定义存储的市场分析

在块、文件、对象和超融合存储环境中，软件定义存储的市场份额每年以 20% 的速度持续增长。借助标准服务器和磁盘选件，存储硬件成本正在下降，并且大多数非结构化数据存放在软件定义存储中。据 IDC 的 451 份企业调查，已经有 54% 的公司将数据迁移到软件定义存储产品中。

2018 年北美的一份调查报告显示，非结构化数据正在以每年 23% 的速率增加。AI/ML/HPC 等技术的出现使得应用此类技术的企业也迅速增多。同样是 2018 年，北美的一份报告显示，采用 AI 的企业以每年 25% 的规模增加。而在高性能计算市场中，有更多的企业正在加入。另一份 IoT 报告显示，到 2025 年将有数十亿的 IoT 设备产生数据，后端存储数据将如海啸般增加。此类数据如何存储是企业降本增效的关键。

2018 年和 2019 年 Ceph 官方的用户调查报告显示，Ceph 市场还有很大发展空间。这意味着，亚太地区的用户对 Ceph 的采纳程度没有欧洲快。如图 1-4 所示，你可以简单了解 Ceph 技术被采纳的全球分布情况。

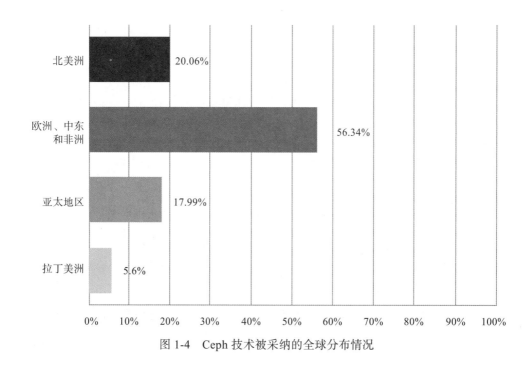

图 1-4 Ceph 技术被采纳的全球分布情况

1.4 Ceph 的适用场景

Ceph 是一种开源、高可扩展、部署在通用架构服务器的软件定义存储产品。其设计思路是将通用的服务器和硬盘设备通过网络协议进行集群组建，构建成一套存储集群，对外提供多种访问接口，实现满足多种使用场景的分布式存储。

设计原理决定其对网络和硬件设备的依赖较为明显，因此投产 Ceph 的环境必须使用万兆网络，同时配置 SSD 硬盘设备对集群进行写加速。另外，Ceph 存储数据是按照 2MB 为基本单位进行读写的，即便是小文件也要按照此种方式进行操作。写入时要组成 2MB 的块一次性写入，读取时一次性读取 2MB 的块。如果用户数据为字节级别，频繁读写将对 Ceph 的性能产生冲击。

因此，在设计原理的限制下，你在投产 Ceph 时必须要考虑清楚其使用场景。如果不满足 Ceph 的使用场景，此类数据建议不要放入 Ceph 中。

目前，推荐使用 Ceph 的场景如图 1-5 所示，主要分为 5 大类：数据分析、云计算平台、富媒体和归档、企业文件同步和共享、服务器和应用程序。这 5 类场景特点主要体现在数据海量，对数据读写性能要求不苛刻，而对计算水平要求较高。

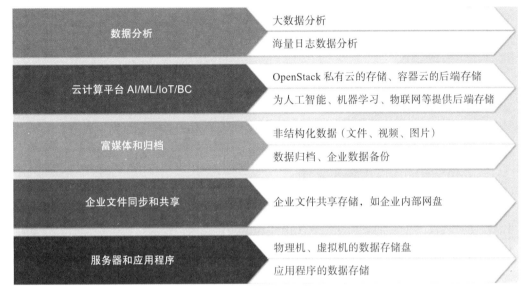

图 1-5　Ceph 的主要适用场景

1.4.1　分析类应用场景举例

由于大数据分析中捕获的数据量巨大，并且需要在数据专家和数据分析师团队之间共享有限的资源，因此传统的数据分析基础架构承受着巨大的压力。各方呼吁推出一种全新的架构和存储形态。一些数据平台团队正在将 Apache Hadoop 和 Spark 大数据分析平台作为其数据分析的主要工具，后端采用 Hadoop 分布式文件系统（HDFS）集群。不幸的是，由于 HDFS 通常不会在不同集群之间共享数据，因此在大型计算集群中的每个集群间复制数据会付出很高的代价。

一些团队希望其集群的分析工具尽量稳定，因此不愿意更新版本，而其数据分析的业务单元需要加载最新的分析工具版本。最终，这些团队都构建了自己单独的、量身定制的分析集群，以免与其他团队竞争资源。使用传统的 Hadoop 时，每个单独的分析集群通常都有自己专用的 HDFS 数据包。

为了在不同的 Hadoop / HDFS 集群中能访问相同的数据，平台团队必须在集群之间复制非常大的数据集，以保持数据的一致性和时效性。因此，公司维护了许多单独的固定分析集群（其中一家公司中有 50 多个集群）。每个集群在 HDFS 中都有自己的冗余数据副本。就资本支出（Capex）和运营支出（Opex）而言，在各个集群上维护 5PB、10PB 或 20PB 副本数据的成本都非常高。

Ceph 和 IaaS 云、PaaS 云的结合为解决上述一系列问题提供了新的方案。Ceph 在底层多集群间可以实现数据自动同步，这大大降低了集群数据复制的开销和运营成本，为 Hadoop 或 Spark 的大数据分析工具提供了另一种分布式存储选择。

1.4.2　IaaS 云平台应用场景举例

Openstack 作为开源 IaaS 云平台的典型代表，已经经过全球众多企业实践检验。其可靠性和扩展性为企业带来了良好的使用体验。其自身众多模块化的组件都需要外部存储提供支持，保证平台功能的正常发挥。Ceph 作为 OpenStack 云原生的后端存储已经在业界成为标准。OpenStack 中的多种模块使用了不同的存储接口，其中 Ceph 提供的三种存储接口在 OpenStack 中都可以无缝对接，如图 1-6 所示。OpenStack 的不同模块调用 Ceph 的不同接口实现双方的集成应用。

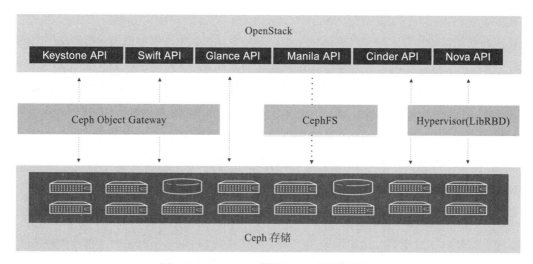

图 1-6　OpenStack 使用 Ceph 的几种接口

如图 1-7 所示，OpenStack 2017 的后端存储统计显示 Ceph RBD 排名第一，远超其他存储。

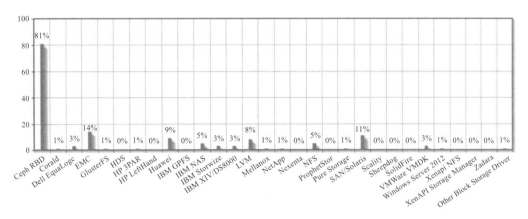

图 1-7　OpenStack 的后端存储使用比例

1.4.3　富媒体和归档应用场景举例

中国银监会、证监会、保监会发出行业规范，要求逐步实施金融类产品在销售过程中录音和录像（简称"双录"）同步，加强金融类产品的全过程风险管理。因此，录音和录像等大文件的存储发生了新的变化。此部分数据的使用率较低，但是需要在线查看，因此容量大、低成本、安全、可靠成为存储的新要求。

传统制造业面临同样的需求。公司内部的研发数据、扫描单据、文档等都需要归档备份。不论哪个场景，此类数据的共同特点是要求存储容量大、安全、可靠。

很多企业在考虑使用基于网络的备份解决方案（NBU），支持所有完善的操作系统（例如 Linux、UNIX、Windows、macOS X）可以备份到磁盘、磁带驱动器以及磁带库。除了完整、增量和差异备份等常见备份策略外，企业还要求解决方案有迁移、副本、去重等功能。而基于网络的备份解决方案提供的备份机制和策略很难完全满足要求，因此数据需要存放在更加灵活、安全、可靠的分布式存储系统中。Ceph 成为这类网络备份的首选后端存储方案。较为典型的开源备份软件有 Bareos、Bacula、Amanda 等。Ceph 提供了与这类备份软件的集成方案，可以将备份直接写入后端，传输过程中对数据进行加密，因此很安全。企业通过这类开源备份软件自我备份，可以在发生灾难时迅速恢复数据运行。

如图 1-8 所示，Ceph 集成 Bareos/Bacula/Amanda 备份软件，可以实现应用数据文件的备份。

从图 1-8 中可以清晰地看出，数据中心现有的应用程序或客户端产生的数据不论存放在 Ceph 集群还是传统存储中，你都可以搭建开源备份软件对数据进行备份和归档。而如果采用 Ceph，你就采用了分布式技术，也就意味着数据存放在更加安全的存储资源池中，使未来存储扩容更加便捷。同时，Ceph 底层技术提供数据容灾，从某种意义上讲对备份方案是一种补充，提高了备份归档方案的灵活性。

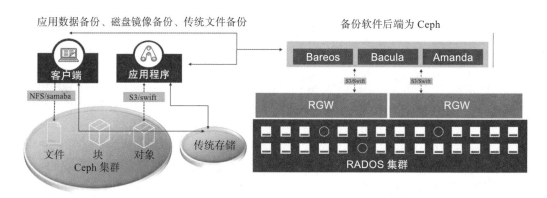

图 1-8　数据备份架构

1.4.4　企业文件同步和共享应用场景举例

随着企业业务的不断发展，协同办公需求变得更为常见。如何保证数据中心的业务数据能实时共享及集中管理，是企业 IT 团队要考虑的。企业云盘成为此种需求较为常用的解决方案。企业云盘的核心价值在于将数据保存在公司内部，提供了多种用户访问接口，便于数据共享，保证了数据安全。

开源企业云盘有很多，使用较为广泛且全球认可度较高的软件包括 ownCloud 和 Seafile 等。开源企业云盘在数据中心提供数据访问接口，因此保证通过云盘存入的数据安全和云盘可扩展性非常重要。Ceph 提供的块存储、文件存储、对象存储接口可与现有的开源云盘软件完美对接。这样，存储空间的扩展、数据的安全和容灾由 Ceph 负责，使云盘软件在企业中落地的方案完整度更佳。

1.4.5　服务器和应用程序存储场景举例

在使用服务器时，你经常遇到磁盘空间不足，需要扩容或者添加新磁盘的情况。如果是在服务器（裸机或 VM）上的 Linux 系统中添加磁盘，需要通过网络将磁盘映射到本地，以便新设备对其进行分区格式化处理。Ceph 提供的 RBD 块存储映射到服务器后，在服务器后端即可看到 /dev/ 目录下生成了新的 RBD 设备。对这个设备的所有操作都将写入 Ceph 集群。

另一种场景是 Linux 服务器上的某个目录空间不足，不需要新增磁盘，只需要将 CephFS 文件系统挂载到该目录下，将原有数据重新映射进来，即可使用 CephFS 提供的存储空间。此目录下所有的数据都将落入服务器外部的 Ceph 集群。这样，服务器目录的扩展问题通过 Ceph 提供的存储空间得到了有效解决。如图 1-9 所示，服务器以添加 Ceph RBD 的方式增加服务器系统上的块设备。

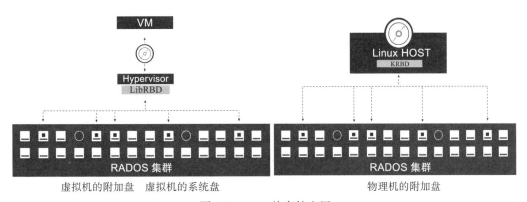

图 1-9　Ceph 块存储应用

对于企业应用产生的数据，你可以直接在应用程序中将数据或者日志写入后端存储。实现方法是调用 Ceph 的对象存储 S3 兼容接口，将应用数据直接写入 Ceph 的 S3 URL 地址，这样数据可通过 Ceph 对象网关写入 Ceph 集群，实现数据共享。图 1-10 给出了应用程序集成 Ceph 示意图。

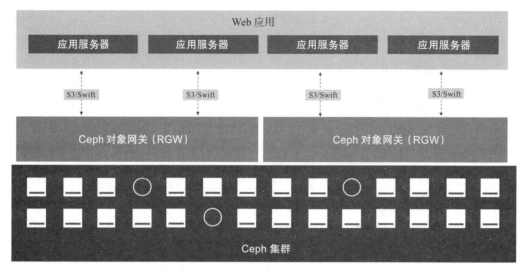

图 1-10　应用程序集成 Ceph 示意图

1.5　软件定义存储的商业产品

你在选择软件定义存储产品的时候，可以综合考虑开源程度、社区活跃度、全球使用基础、公司规模和发展状况等因素。国外一家企业级技术产品审查网站（IT Central Station）显示的 2019 年全球提供软件定义存储的厂商及其产品如表 1-1 所示。（表中的企业及其相应软件定义存储产品按名称顺序排列，其先后顺序不代表产品的全球占有率或者排名。）

个人认为此表仅代表大部分企业的软件定义存储产品，比如中国的很多公司的软件定义存储产品不在其中。虽然中国企业的软件定义存储产品在全球占有率低，影响也相对较小，但本地化产品有其独特优势。

表 1-1　提供商用软件定义存储的企业及其产品

软件定义存储供应商	软件定义存储产品
Amax	Amax StorMax SDS
Amplidata	Amplidata
Atlantis Computing	Atlantis USX
DataCore	DataCore SANsymphony SDS

（续）

软件定义存储供应商	软件定义存储产品
Datera	Datera
Dell EMC	EMC ViPR
Dell EMC	ScaleIO
E8 Storage	E8 Storage Software
Elastifile	Elastifile
FalconStor	FalconStor FreeStor
Formation DataSystems	FormationOne Dynamic Storage Platform
Hedvig	Hedvig
Hewlett PackardEnterprise	HPE StoreVirtual
IBM	IBM Spectrum Accelerate
IBM	IBM Spectrum Virtualize
IBM	IBM Spectrum Scale（以前叫 GPFS）
Kaminario	Kaminario Cloud Fabric
Linbit	LINBIT SDS
LizardFS	LizardFS
Maxta	Maxta
Microsoft	Microsoft Storage Spaces Direct
Nexenta	Nexenta
Nutanix	Nutanix Acropolis
Peaxy	Peaxy
Red Hat	Red Hat Ceph Storage
Red Hat	Red Hat Gluster Storage
Scality	Scality
StarWind	StarWind Virtual SAN
StarWind	StarWind HyperConverged Appliance
StarWind	StarWind Virtual Tape Library
StorMagic	StorMagic
StorPool	StorPool
SUSE	SUSE Enterprise Storage
Veritas	Veritas Access
Veritas	Veritas Access Appliance
VMware	VMware Software Defined Storage
Zadara Storage	Zadara Storage Cloud

对于表 1-1 中提及的产品，海外某组织根据全球用户的关注程度设计了相应算法，得

出了平均评分。其中，前十名产品如图 1-11 所示。除了平均分这项衡量指标外，你可以看到有三家企业的产品关注度在 10000+，分别是 Red Hat Ceph Storage、Nutanix Acropolis、ScaleIO。由图 1-11 可见，作为开源产品，Ceph 在企业中落地有更大的潜在机会。

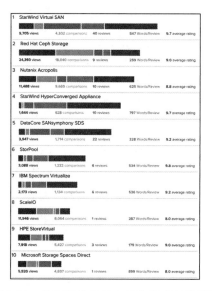

图 1-11　关注度排名前十的分布式存储产品

1.6　本章小结

本章主要介绍了 Ceph 的相关定义、发展历史、使用场景和分布式存储相关商业软件等。如果你在选型分布式存储的相关企业级产品，可以从本章获取到主流的企业产品，从而进行评估实践。如果你在企业中谋求分布式存储的使用场景，本章也给出了几种典型的使用场景，请在规划分布式存储前，仔细研究，从而更好地在成本、容量、性能之间做好平衡，更好地服务于企业生产实践。

通过本章内容，你可能想到 Ceph 有这么多优点，那它究竟是如何实现的，如果构建这样的存储集群有哪些因素要考虑，具体的工作原理如何。你将从第 2 章中获取答案。

第 2 章

Chapter 2

Ceph 架构分析

Ceph 存储集群是一种分布式对象存储，旨在提供出色的性能、可靠性和扩展性。分布式存储是存储的未来，因为它最适合非结构化数据的存储，并且提供了多种客户端访问接口。Ceph 集群具有超高的可扩展性，支持 PB 到 EB 级甚至更大的容量。本章主要介绍 Ceph 集群架构、各功能节点的作用以及关键技术的实现原理。

2.1 Ceph 集群的组成架构

Ceph 集群服务端主要有 3 种类型的守护进程，每种类型的守护进程最后都被规划到特定服务器节点上。下面对这 3 种类型的守护进程进行简单描述。

1）Ceph OSD：利用 Ceph 节点上的 CPU、内存和网络进行数据复制、纠错、重新平衡、恢复、监控和报告等。

2）Ceph Monitor：维护 Ceph 集群的主副本映射、Ceph 集群的当前状态以及处理各种与运行控制相关的工作。

3）Ceph Manager：维护 Placement Group（放置组）有关的详细信息，代替 Ceph Monitor 处理元数据和主机元数据，能显著改善大规模集群的访问性能。Ceph Manager 处理许多只读 Ceph CLI 的查询请求，例如放置组统计信息。Ceph Manager 还提供了

RESTful API。

Ceph 客户端接口负责和 Ceph 集群进行数据交互，包括数据的读写。客户端需要以下数据才能与 Ceph 集群进行通信。

❑ Ceph 配置文件或集群的名称（通常命名为 ceph）、Monitor 地址
❑ 存储池名称
❑ 用户名和密钥路径

Ceph 客户端维护对象 ID 和存储对象的存储池名称。为了存储和检索数据，Ceph 客户端访问 Ceph Monitor 并检索最新的 Cluster Map 副本，然后由 Ceph 客户端向 Librados 提供对象名称和存储池名称。Librados 会使用 CRUSH 算法为要存储和检索的数据计算对象的放置组和主 OSD。客户端连接到主 OSD，并在其中执行读取和写入操作。

图 2-1 展示了 Ceph 集群的组成架构。它包含构建一个 Ceph 集群所需的必要功能节点以及网络关联关系，只有少部分集群的网关节点未在图中显示。

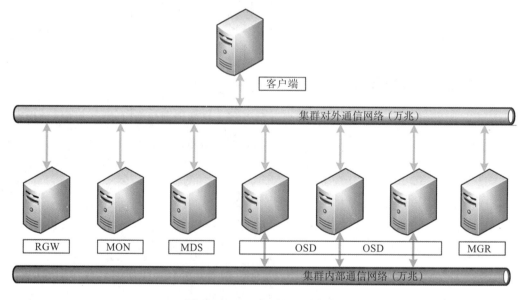

图 2-1　Ceph 集群的组成架构

图 2-1 中有两个重要的关注点。

(1) 网络

这里有两个万兆网络，集群对外通信网络和集群内部通信网络。我们也可以在该网络中增加一个管理网络，但由于管理数据的流量很小，可将管理网络和公网网络合并。

由于 Ceph 集群最初的设计是为了提高集群的性能，并且考虑到集群网络的带宽要求，因此将集群内部流量与客户端到集群流量进行隔离，从而设计了两层网络。在较小的集群上，1G 网络可能适用于正常操作环境，但不适用于繁重的负载或故障恢复环境。如果驱动器发生故障，则跨 1G 网络复制 1TB 数据需要 3 小时。这对于集群的使用体验来说是不能接受的。而对于 10G 网络，复制同样的数据时间则在 20 分钟内。这也是生产环境中一定要使用万兆网络，甚至服务器绑定多万兆网卡的原因。

(2) 服务器

这里面的服务器分了几种角色，每种角色都对应集群的一类功能，主要包括 MON（Ceph 集群的 Monitor 节点）、OSD（Ceph 集群的存储节点）、MGR（Ceph 集群的管理节点）、RGW（Ceph 集群的对象网关节点）、MDS（CephFS 元数据节点）、iSCSI 网关、NFS 集群网关和 Ceph 客户端。

接下来，我们对集群中涉及的主要服务器角色进行逐一分析，阐述其具体功能。

2.2　Monitor 节点分析

每个 Monitor 节点上都在运行守护进程（ceph-mon）。该守护进程可维护集群映射的主副本，包括集群拓扑图。这意味着 Ceph 客户端只需连接到一个 Monitor 节点并检索当前的集群映射，即可确定所有 Monitor 和 OSD 节点的位置。

Ceph 客户端读写 OSD 节点之前，必须先连接到 Monitor 节点。借助集群映射的当前副本和 CRUSH 算法，Ceph 客户端可以计算任何对象的位置。这是 Ceph 具有高扩展性和高性能的一个非常重要的因素。

Ceph Monitor 的主要作用是维护集群的数据主副本映射关系。同时，它为每个组件维护一个单独的信息图，包括 OSD Map、MON Map、MDS Map、PG Map 和 CRUSH Map 等。所有集群节点均向 Monitor 节点报告，并共享有关其状态的每个更改信息。Monitor 不存储实际数据。存储数据是 OSD 的工作。

Ceph Monitor 还提供身份验证和日志服务。Monitor 将监控服务中的所有更改信息写入单个 Paxos，并且 Paxos 更改写入的 K/V 存储，以实现强一致性。Ceph Monitor 使用 K/V 存储的快照和迭代器（LevelDB 数据库）来执行整个存储的同步。换句话说，Paxos 是 Ceph Monitor 的核心服务，专门负责数据一致性工作。

Paxos 服务解决的问题正是分布式一致性问题，即一个分布式系统中的各个进程如何就某个值（决议）达成一致。Paxos 服务运行在允许有服务器宕机的系统中，不要求可靠的消息传递，可容忍消息丢失、延迟、乱序和重复。它利用大多数（Majority）机制保证了 2N+1 的容错能力，即 2N+1 个节点的系统最多允许 N 个节点同时出现故障。

如图 2-2 所示，Ceph Monitor 中包含分别负责 OSD Map、Monitor Map、PG Map、CRUSH Map 等的 Paxos 服务。Paxos 服务负责将自己对应的数据序列化为 K/V 并写入 Paxos 层。Ceph 集群中所有与 Monitor 节点的交互最终都是在调用对应的 Paxos 服务功能，多种 Paxos 服务将不同组件的 Map 数据序列化为 K/V，共用同一个 Paxos 实例。对于 Paxos 的原理，这里不做过多介绍。

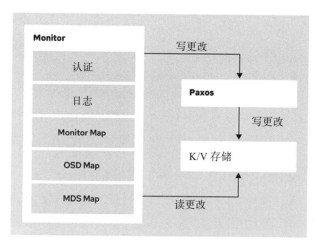

图 2-2　Monitor 中的数据一致性保证机制

2.2.1 Ceph Cluster Map

Cluster Map 是许多 Ceph 组件的组合，包括 Monitor Map、OSD Map 和 PG Map。Cluster Map 跟踪许多重要事件，具体如下。

- ❑ Ceph 集群中有哪些进程状态为 In。
- ❑ Ceph 集群中的哪些进程已启动、正在运行或已关闭。
- ❑ 放置组是处于活动状态、非活动状态、清洁状态还是其他某种状态。
- ❑ 集群当前状态的其他详细信息，例如总存储空间或已使用的存储量。

当集群状态发生重大变化时，比如 Ceph OSD 掉线、放置组进入降级状态等。Cluster Map 会更新，以反映集群的当前状态。此外，Ceph Monitor 还维护集群的历史状态记录。Monitor Map、OSD Map 和 PG Map 均保留其映射版本的历史记录。每个版本称为 Epoch。在操作 Ceph 集群时，跟踪这些状态是集群管理的重要工作。

2.2.2 Ceph Monitor 的 Quorum 机制

单 Monitor 节点能保证集群的功能完整运行，但是存在单点故障风险。为了确保生产环境下 Ceph 存储集群的高可用性，一定要采用多个 Monitor 节点来运行 Ceph，这样即便单个 Monitor 节点发生故障，也不会导致整个存储集群故障。

当一个 Ceph 存储集群运行多个 Monitor 以实现高可用性时，Monitor 使用 Paxos 算法来保证分布式数据一致。Cluster Map 一致性的保证需要集群的大多数 Monitor 存活，以建立仲裁集。例如 3 个 Monitor 中有 2 个存活，5 个 Monitor 中有 3 个存活，6 个 Monitor 中有 4 个存活等，这就是大多数 Monitor 存活原则。在生产环境中至少要运行 3 个 Monitor，以确保高可用性。当集群规模增大的时候，考虑增加 Monitor 的存活个数到 5 个以上。

2.2.3 Ceph Monitor 一致性

Ceph 客户端和其他守护进程使用配置文件发现 Monitor。Monitor 间的相互发现是使用 Monitor Map，而不是配置文件。Monitor Map 存在于集群中，需要的时候可以执行命令导出，这样 Ceph 集群的管理信息就比存放在配置文件中更安全。例如在配置文件中指定 Ceph 启动端口时写错，导致 Ceph 不可用，而有了 Monitor Map，即便是端口错误，Ceph 集群的各个 Monmap 依旧在集群中，并不影响多 Monitor 间的通信。另外，你对 Ceph 集群所做的任何更新，都要由 Paxos 来保证 Cluster Map 分布式的一致性。

2.3　OSD 节点分析

Ceph OSD 是 Ceph 的对象存储守护进程。它负责存储数据，处理数据复制、恢复、重新平衡，并通过检查其他守护进程是否有故障来向 Ceph Monitor 提供一些监控信息。每个存储服务器（存储节点）运行一个或多个 OSD 守护进程，通常每个磁盘存储设备对应一个 OSD 守护进程。之所以说它是守护进程，是因为在 Ceph 集群中启动所有的 OSD 管理相应的磁盘时都是在宿主机操作系统中启动一个进程。集群中不管是设置 3 副本还是采用 2：1 的纠删码方式，都至少需要 3 个 OSD 才能实现冗余和高可用。存储节点支持的存储磁盘类型包括 HDD、SSD、NVMe SSD。

2.3.1　运行 OSD 所需服务器配置推荐

Ceph 集群中的每个节点都需要通过不同的配置来满足生产环境所要求的高效，包含对 CPU、内存、磁盘、网络等的要求。你可在 12.3 节获取更详细的调优建议。本节概括性地阐述配置推荐。

1. 内存使用推荐

Ceph 集群的性能有很多影响因素，其中每个磁盘对应的 OSD 守护进程都需要一定的内存来缓存热数据。磁盘数量的多少决定了每个存储节点中服务器的内存需求量。在采购硬件服务器的时候，你应该先规划存储容量，然后确定内存容量，配合其他衡量指标得到最后的服务器硬件配置参数。在生产环境下，部署 Ceph 集群在兼顾性能的同时，还有几种内存推荐比例可以使用。

- ❑ 1GB RAM 对应 1TB 数据
- ❑ 3 ~ 6GB RAM 对应 1 OSD 进程
- ❑ 8 ~ 12GB RAM 对应 1 SSD 进程

例如单存储节点有 24 个磁盘插槽，其中 4 个是 SSD 插槽，20 个是 HDD（SATA/SAS）插槽，你就可以为其配置如下内存容量，以保证其能在生产环境中稳定、高效地运行。

- ❏ 16GB RAM（操作系统运行 + 服务进程）
- ❏ 3 ～ 6GB RAM × 20（每个 HDD 类型的 OSD 进程使用）
- ❏ 8 ～ 12GB RAM × 4（每个 SSD 类型的 OSD 进程使用或做加速）

综上所述，我们需要为这样的服务器节点配置 184GB（16+6 × 20+12 × 4）内存。如果你购买的是 16GB 一条的内存条，需要为服务器配置 12 条（184/16=11.5，取整）内存条，即服务器节点内容应该有 192GB。

2. CPU 配置推荐

Ceph 集群的每个存储节点上都运行了许多（根据磁盘数量决定）OSD 进程来执行最终数据落盘的相关操作，涉及数据的分片和重组，因此对 CPU 有一定的要求。目前，对 CPU 的依赖程度主要看使用者追求的是哪方面性能，例如数据吞吐量和 IOPS。

- ❏ IOPS（Input/Output Per Second，每秒输入 / 输出量或读写次数）：衡量磁盘性能的主要指标之一。IOPS 是指单位时间内系统能处理的 I/O 请求数量。I/O 请求通常为读写数据操作请求。对于随机读写频繁的应用，IOPS 是关键衡量指标，比如使用 MySQL 数据库。
- ❏ 数据吞吐量：单位时间内可以成功传输的数据量。对于大量顺序读写的应用，我们更应关注吞吐量指标。

简而言之：

- ❏ 磁盘的 IOPS，也就是在一秒内磁盘执行多少次读写。
- ❏ 磁盘的吞吐量，也就是磁盘每秒 I/O 的流量，即磁盘每秒写入及读出的数据量。

所以追求 IOPS 的使用者可以将 SSD 磁盘作为高性能磁盘存储设备，提高单位时间内的读写次数，但这在一定程度上也会增加 Ceph 集群的整体造价。追求吞吐量的使用者可以使用 HDD+SSD（加速用）的方式进行配置，这样 Ceph 集群造价会降低很多。如果优化得当，也能得到不错的 IOPS 效果。

对于追求吞吐量的场景，假设 CPU 主频是 2GHz，一般每个 HDD 类型的 OSD 进程需要分配 0.5 ~1core。例如存储节点有 24 个磁盘插槽（20HDD+4SSD 加速盘），在 2GHz 主频下要为其配置 24core（20 × 1core（OSD 用）+ 4core（系统用））。如果服务器是 2 路 CPU，每个 CPU 要提供 12core。

对于追求 IOPS 的场景，假设 CPU 主频是 2GHz，一般每个 NVMe SSD 类型的 OSD 进程需要分配 10core。此种场景对 CPU 的要求较高。对于存储非结构化数据的用户，选用吞吐量大的方案即可。

3. 网络配置推荐

2.1 节提到 Ceph 集群有两个网络，要求生产环境下两个网络带宽为万兆，并且尽可能多端口绑定以增加冗余或者并行带宽。在生产环境下，强烈推荐使用独立的网络部署 Ceph。所有集群服务器内万兆网口都需要使用万兆交换机进行链路打通。一个典型的万兆交换机包含 48 个 10G 端口和 4 个 40G 端口。所有的 10G 端口用来连接 Ceph 集群的各个服务器，而 4 个 40G 端口用来连接主干交换机，以提高最大吞吐量。

Ceph 集群究竟需要多大网络带宽，这和集群内的硬件资源配置有很大关系，要看追求的是 IOPS 还是吞吐量。如果是配置在全 NVMe SSD 的高性能服务器上，推荐每 2 个 NVMe SSD 类型的 OSD 使用 10G 网络；如果是配置在追求吞吐量的服务器上，可以配置 12 个 HDD 类型的 OSD 使用 10G 网络。而 Ceph 的两个网段将使用相同的配置。以 24 个 HDD OSD 的服务器磁盘配置为例，Ceph 的 Cluster 和 Public 网络的配置推荐如下。

❑ Public 网络：24 OSD / 12 = 2 个 10G 端口
❑ Cluster 网络：24 OSD / 12 = 2 个 10G 端口

因此，Ceph 集群需要 4 个 10G 端口。注意，这里的 4 个 10G 端口不能配置成主备模式，而是真实的并行带宽。

4. 磁盘配置推荐

Ceph 集群的存储节点数量多，每个节点的磁盘数量也很多。其为数据安全做了软件层面的冗余，通过副本或纠删码实现了数据安全。另外，如果磁盘配置了磁盘阵列（RAID），也会给 Ceph 的性能带来影响，而且在成本和存储空间上造成了不必要的浪费，因此在硬件层面不推荐配置 RAID，将服务器的磁盘直接配置成 JBOD 模式即可。如果服务器不支持 JBOD 模式，就配置成 RAID0。

为了提高 Ceph 的数据读写速度，我们还要关注另外一个因素——Ceph 的数据日志加速，不论使用 Filestore 模式还是 Bluestore 模式对 Ceph 数据进行底层落盘处理，都需要对日志落盘进行加速，通常会配置 SATA SSD 或 NVMe SSD 作为日志加速盘。而日志加速盘和数据存储盘之间的配比关系要看选择的 SSD 加速盘类型，这里推荐的容量配比如下：

- ❏ SATA SSD：HDD = 1：5
- ❏ NVMe SSD：HDD = 1：10

如果使用的是 24 HDD×4TB 磁盘容量的服务器，单节点容量为 96TB；如果使用 SATA SSD，就要配置约 20TB（96/5=19.2）容量的 SSD；如果使用 NVMe SSD，就要配置 9.6TB 的 NVMe SSD。该配置看起来对日志加速盘的要求很高。在生产环境下，你也可以兼顾服务器磁盘插槽数量和容量。

2.3.2　OSD 的 Scrub

Scrub 是 Ceph 集群对放置组进行数据清洗（扫描）的操作，用于检测副本数据间的一致性，确保数据完整。Scrub 类似于对象存储层上的 fsck 命令，包括 Light-scrubing 和 Deep-scrubing。其中，Light-scrubing 只对元数据进行扫描，速度比较快；Deep-scrubing 不仅要对元数据进行扫描，还要对数据进行扫描，速度比较慢。

对于每个放置组，Ceph 都会为所有对象生成目录，并比较每个主要对象及其副本，以确保没有对象丢失或不匹配。Light-scrubing 每天检查对象的大小和属性。Deep-scrubing 每周读取数据并使用校验和确保数据完整性。Scrub 操作对于保持数据完整很重要，但是会降低性能。你可以调整 Scrub 操作的频率来兼顾数据完整与性能。

2.3.3　回填 OSD

当将 OSD 添加到集群或从集群中删除时，CRUSH 算法通过将放置组移入或移出 OSD 来重新平衡集群数据分布，以达到数据均匀分布。放置组及其包含的对象的迁移可能会大大降低集群的运行性能。为了保持集群性能，Ceph 通过回填（Backfill）方式来执行迁移。简单来说，你可以通过配置 Ceph 降低回填操作的优先级，使得其比读取或写入数据的请求的优先级还低，以保证集群的读写性能，同时在集群读写请求优先级较低的时候，完成数据再平衡。

2.3.4　OSD 恢复

当集群启动或者 Ceph OSD 意外终止并重新启动时，在可能发生写操作之前，该 OSD 开始与其余 Ceph OSD 配对检查。如果 Ceph OSD 崩溃并重新上线，通常它与其他 Ceph OSD 数据不同步，而其他 Ceph OSD 在放置组中包含的对象版本最新。掉线又重新恢复的 OSD 中的对象版本较老旧。发生这种情况时，Ceph OSD 进入恢复模式，寻求获取数据的最新副本并将其映射恢复到最新状态。根据 Ceph OSD 掉线的时间判断 OSD 的对象和放置组是否已过时。同样，如果某个故障域发生故障，例如机架故障，则可能同时有多个 Ceph OSD 上线，这会使恢复过程既耗时又耗资源。为了保障性能，Ceph 会限制恢复请求的数量。控制线程数和对象块大小可以让 Ceph 在 Degraded 状态下表现出良好的性能。

2.4　Manager 节点分析

Ceph Manager 从整个集群中收集状态信息。Ceph Manager 守护进程与 Monitor 守护进程一起运行，提供了附加的监控功能，并与外部监控系统和管理系统连接。它还提供其他服务（如 Ceph Dashboard Web UI）、跟踪运行时指标，并通过基于 Web 浏览器的仪表板和 RESTful API 公开集群信息。将 Ceph Manager 和 Ceph Monitor 放在同一节点上运行比较明智，但不强制。

其中，Ceph Manager 中有很多功能以模块的形式存在如表 2-1 所示。

表 2-1　Ceph Manager 中的功能模块

Ceph Manager 中的功能模块			
alerts	influx	osd_support	snap_schedule
balancer	insights	pg_autoscaler	status
cephadm	iostat	progress	telegraf
crash	k8sevents	prometheus	telemetry
dashboard	localpool	rbd_support	test_orchestrator
devicehealth	mds_autoscaler	restful	tests
diskprediction_local	orchestrator	rook	volumes
hello	osd_perf_query	selftest	zabbix

其中比较重要的就是 Dashboard 和 Prometheus 等。你可以通过设置将 Ceph 集群的管理和监控工作图形化。

Dashboard 提供管理和监视功能。你可以使用它管理和配置集群，或者获取集群和性能统计信息。同时，这些信息都能可视化。它主要集成了 Prometheus 和 Grafana。每个节点上的 node-exporter 守护进程负责收集统计信息，传递给 Prometheus，最后通过 Grafana 展示。

2.5　Ceph 对象存储和对象网关

Ceph 对象网关提供了客户端访问 Ceph 集群的接口。本节对 Ceph 的对象存储和对象网关进行深入分析。

2.5.1　对象存储

对象存储是一种解决和处理离散单元的方法。离散后的数据称为对象，因此数据会离散出很多对象。与传统的文件系统中的文件不同，对象存储不像文件系统那样通过目录树或者子目录树对文件进行组织。对象存储是在一个平坦的命名空间通过使用对象的 Object ID（有时称为对象密钥）来检索离散后的所有数据对象。应用程序使用 Web API 来访问对象，与访问文件系统的方式不同。

通常，有两种访问对象 API 的方式：Amazon S3 和 OpenStack Swift（OpenStack 对

象存储)。Amazon S3 将对象的扁平命名空间称为桶(Bucket),OpenStack Swift 将其称为容器(Container)。Bucket 不能嵌套。

使用一个账户可以访问同一存储集群上的多个桶。这些桶可能具有不同的访问权限,并且可能用于不同的对象存储。对象存储的优点是简单易用、易于扩展。每个对象的唯一 ID 允许被存储或检索,无须最终用户知道该对象所在的确切位置。对象存储消除了传统文件系统中的目录层次结构,因此可以简化对象之间的关系。

对象(像文件一样)包含二进制数据流,并且大小无限制。对象还包含描述数据的元数据。文件也同样有元数据,包括文件权限、修改时间等。对象本身支持扩展元数据信息,通常以 K/V 形式管理元数据——将有关对象中数据的信息存储在键 – 值对中。

2.5.2 对象网关

RADOS 网关(也称为 Ceph 对象网关、RADOSGW 或 RGW)是一项服务,可为使用标准对象存储 API 的客户端提供对 Ceph 集群的访问,同时支持 Amazon S3 和 OpenStack Swift API。

RADOS 网关是建立在 Librados 之上的对象存储接口,旨在为应用程序提供通往 RADOS 集群的 RESTful API。RADOS 网关支持两个接口。

❑ S3 兼容接口:与 Amazon S3 RESTful API 的大部分子集接口兼容。
❑ Swift 兼容接口:与 OpenStack Swift API 的大部分子集接口兼容。

RADOS 网关是用于与 Librados 交互的 FastCGI 模块。由于它提供与 OpenStack Swift 和 Amazon S3 兼容的接口,因此 RADOS Gateway 具有独立的用户管理功能。S3 和 Swift API 共享一个名称空间,因此可以使用其中一个 API 写入数据,使用另一个 API 检索数据。图 2-3 是客户端通过对象网关访问 Ceph 集群数据的示意图。

核心守护进程 radosgw 提供以 Librados 库为基础封装的接口。它通常将自己的 Web 服务器 Civetweb 作为前端来处理请求。应用程序或其他客户端使用标准 API 与 RADOS 网关通信,RADOS 网关通过 Librados 库与 Ceph 存储集群通信。

RADOS 网关拥有自己的用户集,与 Ceph 集群用户不同。换句话说,RADOS 网关的客户端通过 Amazon S3 或 OpenStack Swift API 来使用自己的用户集进行身份验证。我们可以使用 radosgw-admin 工具或基于 LDAP 的外部身份验证服务来配置用户。对于大型的多站点安装，将 RADOS 网关部署在 Zone Group 和 Realm 的某一区域中。通常，我们在生产环境下部署多个 RADOS 网关，以防单点故障。

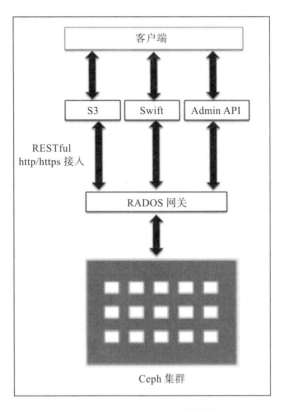

图 2-3　对象网关的使用逻辑

2.6　文件存储元数据节点分析

Ceph 的元数据管理服务器（MDS）提供了客户端访问 Ceph 集群的接口。本节对 Ceph 的分布式文件系统进行深入分析。

2.6.1 Ceph 文件存储

CephFS 是基于 RADOS 的高性能分布式文件系统。它是一个可扩展的、符合 POSIX 标准的分布式并行文件系统。该系统将其数据和元数据作为对象存储在 Ceph 中。CephFS 依赖运行 MDS 来协调对 RADOS 集群的访问，并管理与其文件相关的元数据。

CephFS 的目标是尽可能与 POSIX 标准文件系统一样。两个不同主机上运行的进程应与在同一主机上运行的进程相同，即在不同主机上对文件读写、实时同步的效果和操作与在同一台主机上的效果和操作一样。例如，与许多其他常见的网络文件系统（如 NFS）相比，CephFS 保证了客户端强大的缓存一致性。但是，在某些情况下，CephFS 与严格的 POSIX 语义有所不同。

CephFS 至少需要运行一个 MDS 守护进程（ceph-mds）。MDS 守护进程管理存储在 Ceph 文件系统中与文件相关的元数据，并协调对共享 Ceph 存储集群的访问。

2.6.2 CephFS 限制因素

首先看一下客户端访问 CephFS 的过程。在 CephFS 中，客户端是使用 CephFS 的所有操作请求的入口。客户端将元数据读写请求发送到活跃的 MDS，从中获取文件元数据，并且安全地缓存元数据和文件数据。

MDS 将元数据提供给客户端，缓存热的元数据是为了减少对后端元数据池的请求，管理客户端的缓存是为了保证缓存一致性。CephFS 工作过程是，在活跃的 MDS 之间复制热的元数据，并将元数据变化信息合并到日志，定期刷新到后端元数据池中，使数据在集群间实时同步，具体如图 2-4 所示。

在使用 CephFS 过程中，我们应注意以下几点。

（1）采用多 MDS 节点部署方式

为了使生产环境下的数据可用，你要采用多 MDS 节点部署方式。部署完成后，MDS 节点分为主节点和备节点。当主节点异常时，备节点将接管客户端的访问，保证数据持续提供。默认情况下，CephFS 仅使用一个活跃的 MDS 守护进程。但是，你可以给文件系统配置为使用多个活跃的的 MDS 守护进程，以处理更大的工作负载。

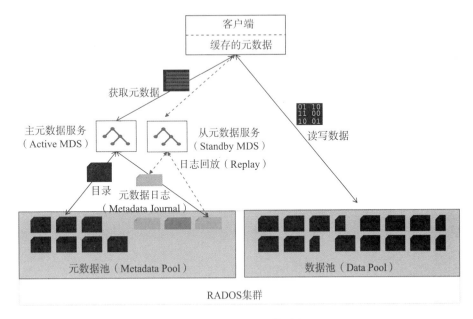

图 2-4　CephFS 工作过程

（2）重点保护元数据池

如图 2-4 所示，RADOS 底层需要提供两个后端存储池，其中一个存储数据，另一个存储元数据。你在创建 MDS 的时候，要首先创建这两个数据池，且一定要做好对存储数据池的保护，比如采用更高的副本级别，这个池中的任何数据丢失都会导致整个文件系统无法访问。另外，你也可以考虑使用延迟较低的存储设备，例如固态驱动器（SSD）磁盘，因为这直接影响到客户端操作的反馈延迟。

（3）使用一个 CephFS

默认情况下，禁止在一个集群中创建多个 CephFS，因为创建多个 CephFS 可能会使得 MDS 或者客户端服务异常。

2.7　iSCSI 网关节点分析

作为存储管理员，你可以为 Ceph 集群安装和配置 iSCSI 网关。借助 iSCSI 网关，你可以有效地对 Ceph 块存储进行功能接口适配，采用熟悉和常用的 iSCSI 来访问 Ceph。

iSCSI 网关将 Ceph 与 iSCSI 标准集成在一起，以提供将 RADOS 块设备（RBD）映像导出为 SCSI 磁盘的高可用 iSCSI 启动器。iSCSI 协议允许启动器通过 TCP / IP 网络将 SCSI 命令发送到 iSCSI 目标器，以此提供在异构客户端访问 Ceph 集群的能力。

简单来说，Ceph 集群实现了 iSCSI 启动器的多点（多机头）集群，保证了访问的高可用性，为 Windows 等系统提供数据存储能力。因此，部署 iSCSI 网关时，我们需要指定多节点。

2.8　本章小结

本章主要介绍了 Ceph 集群的角色组件，每种角色组件的核心功能及其 Ceph 特性，这些特性如何保证数据的安全和一致；同时介绍了 Ceph 的多种网关，包括这些网关的主要功能，以及与现有存储接口的兼容性，如 Ceph 对象存储与 Amazone S3 和 OpenStack Swift API 的兼容。

你可能要问，Ceph 的角色功能已经在本章描述了，那么 Ceph 是如何实现数据存储的？这些角色组件通过什么技术将数据安全地组织起来？在第 3 章中，我们将重点介绍 Ceph 的核心技术组件的实现原理。

第 3 章　*Chapter 3*

Ceph 核心技术组件

Ceph 集群可以容纳大量节点，以实现无限扩展、高可用和其他性能要求。每个节点利用相互之间通信的非专有硬件和 Ceph 守护进程来实现以下功能。

- ❏ 读写数据。
- ❏ 压缩资料。
- ❏ 通过副本和纠删码确保数据安全。
- ❏ 监控并报告集群运行状况。
- ❏ 动态地重新分配数据。
- ❏ 确保数据完整性。
- ❏ 故障恢复。

Ceph 集群看起来像一个存储池，用于存储数据。所有在 Librados 中的操作对 Ceph 客户端而言是透明的。Ceph 客户端和 Ceph OSD 都使用 CRUSH 算法。本章会介绍 Ceph 核心技术组件的功能。

3.1　Ceph 的关键特性

Ceph 有很多关键特性，这些关键特性也是 Ceph 产品的核心，因此，对这些特性的了解有助于在后续提升性能。Ceph 的关键特性如表 3-1 所示。目前，这些特性都是在企业生产环境中可用的。

表 3-1 Ceph 的关键特性

扩展性	
容量	单集群可最多容纳 1024PB 数据
水平扩展的架构	集群能支持上千个存储节点，理论上可无限扩展
数据自动化平衡	数据均匀分布在整个集群中，无单点故障
滚动升级	集群升级不会影响数据的连续性访问
API 和协议	
对象、块、文件存储	对象存储支持 Amazone S3 和 OpenStack Swift API；块存储支持 Linux 集成以及基于内核的虚拟机（KVM）程序；文件系统保证服务高可用，支持 NFS v4 和本地 API 协议
RESTful API	无须手动配置存储，可以编程方式管理所有集群存储功能，从而实现存储独立
NFS、iSCSI、对象支持	能够为多个工作负载和应用程序构建通用存储平台
管理和安全	
自动化	基于 Ansible 工具实现自动化部署及升级扩展
管理和监控	先进的 Ceph 监控和诊断信息，带有集成的本地监控仪表板，保证整个集群的图形可视化，包括集群和每个节点的使用情况以及性能统计信息
认证和授权	集成 Microsoft Active Directory、LDAP、AWS Auth v4、Keystone v3
使用策略	对池、用户、存储桶或数据级别提供访问限制
加密	在集群范围内提供静态或用户自定义的嵌入对象中的加密方法
操作系统	在成熟的操作系统上部署，具有很高的安全性，并得到协作的开源社区的支持，如 RHEL、CentOS 等
可靠性和高可用性	
条带化、纠删码、副本	数据持久性、高可用性和高性能，并支持多站点和灾难恢复
动态调整块大小	无须停机即可扩展或缩小 Ceph 块设备
存储策略	使用 CRUSH 算法对数据进行跨节点复制，以实现故障域解决方案
快照	整个池或单个块设备的快照
服务支持	SLA 支持的技术，保证实现产品升级和漏洞修补
性能	
BlueStore	相比于 Filestore，性能提升了 2 倍
客户端集群数据路径	客户端在整个集群中共享输入 / 输出负载
写时复制	加速使用同一镜像部署虚拟机
内存中客户端缓存	使用虚拟机 Hypervisor 缓存来增强的客户端输入 / 输出性能
服务器端日记	序列化写入，提高数据写入效率

（续）

灾备	
Zone 和 Region	S3 对象拓扑
全局性集群	具有对本地集群对象用户的全局命名空间
容灾	启用多站点复制进行灾难恢复、数据分发或归档
成本	
后台程序容器化部署	利用集群硬件减少配置占用空间，并且同一台服务器上共存很多守护进程
行业通用硬件	针对每种工作负载量身定制服务器和磁盘，以实现最优价格和性能组合
瘦置备	实现实例快速创建和超配
兼容性	新节点增加后不需要替换老旧节点
条带化的纠删码	节省成本的数据保护方式

接下来分析 Ceph 中各个核心功能组件的作用。

3.2　存储池

Ceph 集群将数据对象存储在池的逻辑分区中。Ceph 管理员可以为特定类型的数据（例如块设备、对象网关）创建池，或者使用池将一组用户与另一组用户分开。

从客户端角度来看，Ceph 集群非常简单。当 Ceph 客户端使用 I/O 上下文读取或写入数据时，总是连接到 Ceph 集群中的存储池。Ceph 客户端指定池名称、用户和密钥，因此该池看起来像是一个逻辑分区，便于对数据对象进行访问控制。

实际上，存储池是用于存储对象的逻辑分区，在 Ceph 集群分发和存储数据方面起着至关重要的作用。这些复杂的操作对 Ceph 客户端是完全透明的。

3.2.1　Ceph 技术组件的全景架构

Ceph 的技术组件逻辑组织关系如图 3-1 所示。

首先通过 Ceph 客户端接口将文件、视频、图片等数据写入，并将用户数据分割成对象（对象和定义的存储池关联），将对象放入存储池生成规则集，由 CRUSH 算法计算出放置组，最后将放置组关联到具体服务器的硬盘，从而打通数据落盘前的各个关键路径。

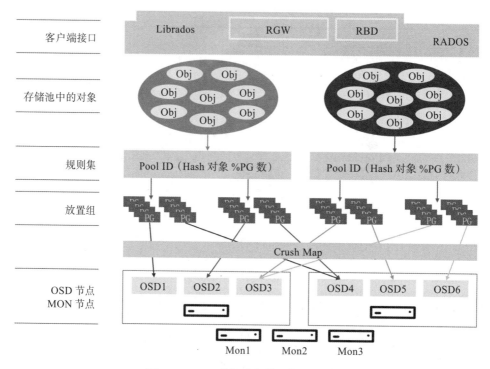

图 3-1　Ceph 的技术组件逻辑组织关系

3.2.2　存储池定义的内容

存储池是 Ceph 的逻辑单元，可以实现不同数据的逻辑隔离，给数据管控带来更多好处。存储池包含的概念介绍如下。

1）池类型：在早期的 Ceph 版本中，存储池仅维护对象的多个深层副本。如今，Ceph 可以维护一个对象的多个副本，也可以使用纠删码来确保数据可靠。存储池类型定义了创建池时的数据持久化方法（副本或纠删码）。存储池类型对客户端完全透明。

2）放置组：在 EB 级存储集群中，存储池可能存储了数百万个数据对象。Ceph 可通过副本或纠删码实现数据持久性，通过清洗或循环冗余校验保证数据完整，实现复制、重新平衡和故障恢复。Ceph 通过将存储池划分为放置组来解决性能瓶颈问题。CRUSH 算法用于在 Ceph 中定位存储数据的位置，并计算放置组中的 OSD 目标集。CRUSH 算法将每个对象放入一个放置组，然后将每个放置组存储在一组 OSD 中。系统管理员在创建或修改存储池时设置放置组数。

3）CRUSH 规则集：CRUSH 扮演着另一个重要角色，可用于检测故障域和性能域。CRUSH 可以按存储介质类型识别 OSD。CRUSH 使 OSD 能够跨故障域存储对象副本。例如，对象副本可能会存储在不同的服务器机房、机架和节点中。如果集群的很大一部分节点发生故障（例如机架），集群仍可以降级状态运行，直到集群恢复正常为止。此外，CRUSH 能够使客户端将数据写入特定类型的硬件，例如 SSD。

3.3　Ceph 认证

为了识别用户并防止系统被攻击，Ceph 提供了 Cephx 身份验证系统。该系统对用户和守护进程进行身份验证。Cephx 不解决通过网络传输或在 OSD 中存储的数据加密问题，解决的是系统认证问题。

简单来说，Cephx 认证的不仅有客户端用户（比如某客户端要想执行命令来操作集群，就要有登录 Ceph 的密钥），也有 Ceph 集群的服务器，这是一种特殊的用户类型 MON/OSD/MDS。也就是说，Monitor、OSD、MDS 都需要账号和密码来登录 Ceph 系统。

Cephx 使用共享密钥进行身份验证，这意味着客户端和 Monitor 都具有客户端密钥的副本。身份验证协议使双方可以相互证明自己拥有密钥的副本，而无须透露密钥。也就是说，集群确定用户拥有密钥，并且用户确定集群有密钥的副本。

用户通过 Ceph 客户端访问 Monitor。每个 Monitor 都可以对用户进行身份验证并分配密钥，因此使用 Cephx 时不会出现单点故障。Monitor 返回身份验证数据，其中包含用于获取 Ceph 服务的会话密钥。该会话密钥本身已使用用户的永久密钥加密，因此用户只能向 Monitor 请求服务，然后客户端使用会话密钥从 Monitor 请求其所需的服务，并且由 Monitor 向客户端提供密钥，客户端拿到该密钥即可向实际处理数据的 OSD 发起认证。Monitor 和 OSD 共享一个密钥，因此 Monitor 提供的密钥可以被集群中的任何 OSD 或元数据服务器共用。这种身份验证形式可防止有权访问通信介质的攻击者创建虚假消息或更改其他用户的合法消息，但只要该用户的密钥在到期前不被泄露就不会有威胁。要使用 Cephx，管理员必须首先设置用户，具体设置方法本章不介绍。

3.4　Ceph 放置组

Ceph 放置组（Placement Group，PG）是一个非常重要的概念，对其进行合理设置可以提高集群的性能。本节重点对放置组进行深入分析，指导企业在落地 Ceph 过程中如何有效地分配 PG，以提高集群性能。

3.4.1　PG 基本概念

Ceph 集群中存储了数百万个对象，如果分别对对象进行管理会占用大量资源。因此，Ceph 使用放置组来提高管理大量对象的效率。放置组是存储池的子集，是对象的集合。Ceph 将一个存储池划分为一系列放置组，每一个客户端对象都会分配给一个放置组，然后将该放置组分配给一个主 OSD。由于 Ceph 通过设置副本数量或纠删码级别对数据进行保护，因此 Ceph 会根据副本数或者纠删码中校验盘的数量选择 OSD，并将主 OSD 中的放置组复制到从 OSD。如果主 OSD 发生故障或集群做了数据重新平衡，Ceph 可以对集群中现有非主 OSD 上保存的放置组数据进行复制或移动。因为有了放置组，对象所在的 OSD 位置就清楚了。即便是 OSD 有损坏，你也不必为每个对象单独寻址。CRUSH 算法会结合 Cluster Map 和集群的状态将放置组均匀、伪随机地分配给集群中的 OSD（包括主 OSD 和从 OSD）。

如图 3-2 所示，CRUSH 算法将对象分配给 PG 5，并且将 PG 5 分配给 OSD 3，让 OSD 3 作为主 OSD。CRUSH 算法计算出 OSD 1 和 OSD 6 是 PG 5 的从 OSD，则主 OSD 3 将 PG 5 内容数据复制到 OSD 1 和 OSD 6。这就是放置组在 OSD 间复制，保证集群数据安全的方法。

当系统管理员创建一个存储池时，CRUSH 算法为该存储池创建用户定义数量的放置组。通常，放置组的数量要设置得合理。例如，每个存储池分配 100 个放置组，意味着每个放置组大约包含存储池中 1% 的数据。当 Ceph 需要将放置组从一个 OSD 移至另一个 OSD 时，放置组的数量会对性能产生影响。如果存储池中的放置组太少，每个放置组分配的存储池中的数据比例将很大，移动放置组则意味着 Ceph 集群中要同时移动大量数据，并且网络负载也会变高，从而对集群的性能产生不利影响。如果存储池中的放置组过多，Ceph 在移动少量数据时会占用过多的 CPU 和 RAM，从而对集群的性能产生不利影响。

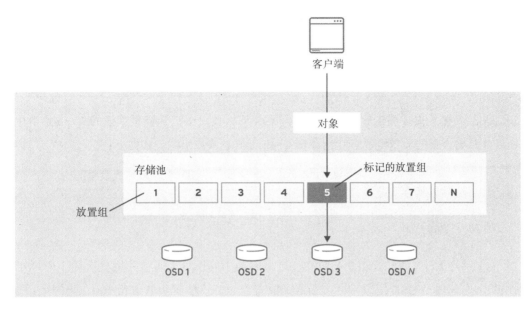

图 3-2 放置组和 OSD 的分配关系

3.4.2 放置组的计算方法

CRUSH 会为每个对象计算放置组，但实际上不知道该放置组所在的每个 OSD 中存储了多少数据，因此放置组数与 OSD 数之比可能会影响数据的分布。例如，如果 3 个副本存储池中只有一个放置组，而 Ceph 集群有 N 个 OSD，则 Ceph 只使用 3 个 OSD 来存储数据。因为 CRUSH 别无选择，只能使用唯一的放置组。当有更多的放置组可用时，CRUSH 有可能在 OSD 上均匀分布数据。

OSD 与放置组数量的比例调整不能解决数据分布不均问题，因为 CRUSH 没有考虑对象的大小。使用 Librados 接口存储一些容量相对较小的对象和一些容量非常大的对象可能会导致数据分布不均。例如，在 10 个 OSD 上的 1000 个放置组中平均分配 100 万个 4KB 对象，空间总计 4GB，每个 OSD 上使用 400MB 的存储空间。如果将这 100 万个对象中的 1 个对象大小调整为 400MB，则存放该对象的放置组对应的 3 个 OSD 上的对象数据大小都是 800MB，而其余 7 个 OSD 上的对象数据大小还是 400MB，这就导致数据分布不均匀。Ceph 使用 RBD 时，默认对象的大小为固定值 4MB，将一个块设备以 4MB 为单位切割，最后写入底层时都按照 4MB 的基本单位操作。按照放置组均匀分布，就能保证集群数据在集群内均匀分布。Ceph 文件存储和对象存储的对象没有固定 4MB 的大小限制。

注意 推荐一个 OSD 中配置的放置组数量为 100 ～ 200，否则影响计算性能。

以上讲述了很多关于放置组数量的问题，那么在一个已知容量规模的 Ceph 集群中如何计算出合理的放置组数量呢？计算 Ceph 集群总放置组的公式如下：

$$集群放置组总数 = \frac{(OSD\ 总数量) \times (每个\ OSD\ 中放置组的数量)}{(副本总数或纠删码的\ K+M)}$$

举两个示例说明：

1）一个 Ceph 集群有 100 个 OSD（可理解为 100 块盘，通常一块盘启动 1 个 OSD 进程），推荐每个 OSD 配置 100 ～ 200 个放置组。假设放置组数取值 100，集群采用 3 副本进行数据冗余，那么集群放置组需配置 3333（100×100/3）个。注意，此值要取 2 的幂次方（要取大于 3333 的 2 的幂次方），距离 3333 最近的 2 的幂次方数为 4096，因此集群最大的放置组数为 4096。

2）一个 Ceph 集群有 100 个 OSD（可理解为 100 块盘，通常一块盘启动 1 个 OSD 进程），推荐每个 OSD 配置 100 ～ 200 个放置组。假设放置组数取值 100，采用 4+2 纠删码方式进行数据冗余，那么集群放置组需配置 1666（100×100/（4+2））个。注意，此值要取大于 1666 的 2 的幂次方数，距离 1666 最近的 2 的幂次方数为 2048，因此集群最大的放置组数为 2048。

知道了集群中一共可以有多少个放置组，那么放置组如何分给存储池呢？你可以按照集群中存储池的数量进行数据存储百分比规划，然后将放置组数量乘以此百分比算出每个存储池中的放置组数量。

以上面的例子为例继续分析，对于 100 个 OSD、3 副本集群，最多配置 4096 个放置组，假设你规划了两个存储池，其中存储池 A 预计存储量占整个集群存储量的 75%，那么存储池 A 的放置组数为 3072。存储池 B 预计存储量占整个集群存储量的 25%，那么存储池 B 的放置组数为 1024。通常，存储池的放置组数要设置为 2 的幂次方，如果存储池 A 的放置组数向上调整，那么集群总的放置组数将大于之前计算的值。如果这样强制设置放置组，集群会报告 too many PGs per OSD，因此要向下调整存储池 A 的放置组数，即调整为 2048。

Ceph 也提供了参数 mon_target_pg_per_osd 对 OSD 上放置组数量进行限制。target_size_bytes 参数可以对存储池的容量进行硬限制，即限制存储池最大使用容量。

3.4.3　PG 和 PGP 的区别

在创建存储池的时候通过命令行要输入两个参数：pg_num 和 pgp_num。通常，这两个参数的值是一样的。那么，这两个参数到底有什么区别呢？

参数 pg_num 表示前面讲到的放置组的数量。该值会影响每个放置组内存放的对象数。比如，有 10000 个对象要关联到存储池，此存储池一共定义了 100 个放置组，那么每个放置组内平均有 100 个对象（通常不是平均分配的，这里只是举个例子）。如果把放置组数调整到 200，那么平均每个放置组内的对象数量就降到 50。因此，pg_num 可决定放置组数，影响放置组内存放对象的数量。

PGP（Placement Group for Placement Purpose）决定了对象分布在哪些 OSD 上。参数 pgp_num 表示 PGP 的可操作值。如果增大 PGP 值，放置组内的对象会重新计算，集群中的数据将开始做重新分布。

首先创建一个存储池并设置 pg_num=1。pgp_num=1 即只有一个放置组和一个 PGP，PG 内有 100 个对象。假设做了 3 副本的数据冗余，数据会分布在 3 个 OSD 上，设这三个 OSD 编号为 1、3、8。那么，这些数据的位置在创建存储池的时候都会被固定。随后调整 pg_num=2，pgp_num=1 不变，这时候会发现新增了一个放置组，而且这个放置组内分割了原有放置组内的一部分对象，也就是说两个放置组共同存储了 100 个对象。然而观察放置组的分布，发现这两个放置组对象的 OSD 编号仍然是 1、3、8，也就是说增加放置组的数量不改变原有的 OSD 映射关系。而调整 pgp_num=2（即增加一个 PGP），放置组内的对象并没有发生变化，只是其中一个放置组中对象的 OSD 编号发生了变化，变成了 2、4、9。这时，集群中的数据开始从 OSD 1、3、8 向 OSD 2、4、9 迁移。

总结如下：

❑ pg_num 是存储池中存储对象的目录数，pgp_num 是存储池中放置组内的 OSD 分布组合个数。

❑ pg_num 的增加会引起放置组内的对象的分裂，即分裂到相同的 OSD 上新生成的放置组中。

❑ pgp_num 的增加会引起部分放置组在 OSD 上的分布变化，但是不会引起放置组内对象的变动。

3.5 CRUSH 算法

CRUSH 算法是 Ceph 的设计精髓，主要通过计算来确定数据的存储位置，不需要像以往要查询元数据服务器才能知道数据的位置。这也是 Ceph 不需要元数据服务器的原因。CRUSH 是受控复制的分布式 hash 算法，是一种伪随机算法。CRUSH 算法可以避免单点故障、性能瓶颈以及对 Ceph 可扩展性的物理限制。

CRUSH 依赖集群的映射图，使用 CRUSH Map 伪随机地存储和检索 OSD 中的数据，并使数据在整个集群中均匀分布。CRUSH Map 包含 OSD 列表，用于将设备聚合到物理位置的桶列表中，并告诉 CRUSH 如何在存储池中复制数据的规则列表。通过映射底层物理基础架构信息，CRUSH 可以规避相关硬件设备故障带来的风险。典型的故障来源包括物理上临近的资源，如共享的电源和共享的网络等。此信息可以编码到 Cluster Map。CRUSH 利用这些信息可以指定放置策略，可以在不同故障域之间分离对象副本，同时保证所需的数据均匀分布。这样，即便某个服务器或者某个机架故障也不会影响整个集群的正常使用，还能保证数据的安全。例如，为了解决并发故障，我们可能需要确保数据副本位于使用不同机架、电源组、控制器和 / 或物理位置的设备上。

部署大型数据集群时，我们应充分考虑自定义的 CRUSH Map，因为它将帮助你管理 Ceph 集群，提高性能并确保数据安全。例如，如果 OSD 出现故障，且你需要更换硬件时，CRUSH Map 可以帮助查找 OSD 发生故障的主机的物理数据中心、房间和机架等资源，快速定位坏盘所在位置。同样，CRUSH 可以帮助你更快地识别故障。例如，如果特定机架中的所有 OSD 同时下线，故障可能出在网络交换机 / 机架 / 网络交换机的电源上，而不是 OSD 本身。当与故障主机关联的放置组处于 degraded 状态时，CRUSH Map 还可以帮助识别 Ceph 存储数据的冗余副本的物理位置。

CRUSH Map 分为三个主要部分。

❑ Device：ceph-osd 守护进程相对应的任何对象存储设备。
❑ Bucket：包括存储位置（例如机架、主机等）的关系和权重。
❑ Ruleset：选择 Bucket 的规则集。

1. Device

通常，Ceph 集群使用多种类型的存储设备，包括 HDD、SSD、NVMe 及其混合。我们将这些不同类型的存储设备称为 Device Class，以避免与 CRUSH Bucket 的 type 属性混淆（例如主机、机架）。由 SSD 支持的 OSD 比由传统机械磁盘支持的 OSD 运行快得多，因此其更适合大的工作负载。Ceph 可以为不同类型的数据集或工作负载创建池，并分配不同的 CRUSH 规则来控制这些池中数据的放置。因此，Device 是区分物理设备属性的，为将来存储具备特定属性的数据提供描述依据。

2. Bucket

简单来说，Ceph 集群中有很多硬件设备，从上到下可能涉及某些逻辑单元，类似数据中心→设备所在机房→机架→行→服务器→OSD 盘等的关系。那么，如何描述这些逻辑单元的关系、组织好这些关系、定义相应的故障域，以提高集群的数据安全性、可用性以及定位故障的速度等？Bucket 专门用于描述以上提到的这些逻辑单元属性，以便将来对这些属性按树状结构进行组织。我们可以通过 Ceph 命令查看其组织结构。Bucket 类型如表 3-2 所示。

表 3-2　Bucket 类型

标号	类型	描述
0	OSD	一个 osd 进程，如 osd.0 osd.1
1	Host	主 OSD 所在的存储服务器
2	Chassis	服务器机框
3	Rack	服务器机架
4	Row	一系列机架中的一行
5	Pdu	电源分布单元
6	Pod	一组 PDU 或一组 ROW

（续）

标号	类型	描述
7	Room	机房，包括各种设备
8	Datacenter	数据中心，包括很多机房
9	Region	域，包括多数据中心
10	Root	根

我们可通过图 3-3 更加清晰地了解 Bucket 的作用，完成物理设备资源的相关故障域的管控。

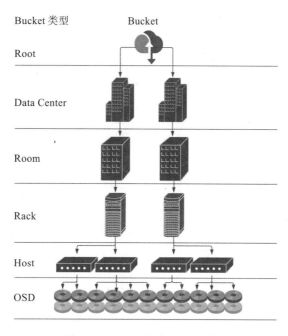

图 3-3　Bucket 的成员组织关系

3. Ruleset

CRUSH Map 包含 CRUSH Rule 的概念。CRUSH Rule 是确定池中数据放置的规则。对于大型集群，你可能会创建许多池，其中每个池都有自己的 CRUSH Ruleset（规则集）和 Rule（规则）。默认的 CRUSH Map 有默认的 Root 规则，如果需要更多的规则，需要后续创建，或者在创建新池时指定规则让 Ceph 自动创建。这些规则集主要是让你知道数据存放在哪里。它包含副本方式或纠删码方式的使用规则，以及 Bucket 的层级组织形式等。

3.6　Ceph 数据副本

像 Ceph 客户端一样，OSD 可以连接 Monitor，以检索 Cluster Map 的最新副本。OSD 也使用 CRUSH 算法来计算对象副本的存储位置。在典型的写场景中，Ceph 客户端使用 CRUSH 算法来计算对象的放置组 ID 和主 OSD。当客户端将对象写入主 OSD 时，主 OSD 会找到其应存储的副本数。该值通过配置文件的 osd_pool_default_size 参数设置。然后，主 OSD 获取对象 ID、存储池名称和 Cluster Map，并使用 CRUSH 算法计算从 OSD 的 ID。主 OSD 将对象写入从 OSD。当主 OSD 接收到从 OSD 发出的写完确认回复，并且主 OSD 本身也完成写操作时，会向 Ceph 客户端确认本次写操作完成。

当 Ceph 集群的 3 个 OSD 副本中有 2 副本可用，1 个副本掉线时，Ceph 处于 degraded 状态，但是数据依旧可正常读写。当有 2 个 OSD 副本掉线时，唯一的 OSD 副本会继续保留数据，但是不再允许向其中写数据。

图 3-4 展示了一个 3 副本的写操作过程，这是确保数据一致的必要操作。

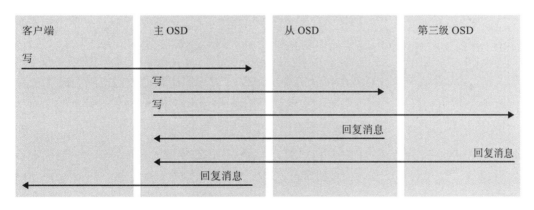

图 3-4　3 副本的写操作过程

3.7　Ceph 纠删码

Ceph 可以加载多种纠删码算法。最早且最常用的纠删码算法是 Reed-Solomon。纠删码实际上是前向纠错（Forward Error Correction，FEC）码。FEC 代码将 K 个

chunk（以下称为块）数据进行冗余校验处理，得到了 N 个块数据。这 N 个块数据既包含原数据，也包括校验数据。这样就能保证 K 个块中如果有数据丢失，可以通过 N 个块中包含的校验数据进行恢复。

具体地说，在 $N = K + M$ 中，变量 K 是数据块即原始数量；变量 M 代表防止故障的冗余块的数量；变量 N 是在纠删码之后创建的块的总数。这种方法保证了 Ceph 可以访问所有原始数据，可以抵抗任意 $N–K$ 个故障。例如，在 K=10、N=16 的配置中，Ceph 会将 6 个冗余块添加到 10 个基本块 K 中。在 $M = N–K$（即 16–10 = 6）的配置中，Ceph 会将 16 个块分布在 16 个 OSD 中，这样即使 6 个 OSD 掉线，也可以从 10 个块中重建原始文件，以确保不会丢失数据，提高容错能力。

在纠删码存储池中，主 OSD 接收所有写操作。在副本存储池中，Ceph 把放置组中的对象写入从 OSD。纠删码存储池将每个对象存储为 $K + M$ 个块（K 个数据块和 M 个编码块），配置大小为 $K + M$，以便 Ceph 将每个块存储到一个 OSD 中。Ceph 将块的等级配置为对象的属性。从 OSD 负责将对象编码为 $K + M$ 个块，并将其发送给其他 OSD。从 OSD 还负责维护放置组日志的权威版本。

如图 3-5 所示，在典型配置中，系统管理员创建了一个纠删码存储池、使用了 5 个 OSD，并保证在 2 个 OSD 丢失的情况下恢复数据。

当 Ceph 将包含 ABCDEFGHI 的对象 NYAN 写入纠删码存储池时，纠删码算法只需将内容分为三部分，即分为 3 个数据块：ABC、DEF、GHI。如果内容长度不是 K（本例中 k=3）的倍数，该算法将补全内容。该算法还会创建两个编码块：编码块 4、编码块 5。Ceph 将每个块存储在一个 OSD 上。这些块具有相同的名称 NYAN，但位于不同 OSD 上。除了对象名称外，我们还必须将创建块的顺序作为对象 shard_t 的属性。例如，编码块 1 包含 ABC，Ceph 将其存储在 OSD5 中；编码块 4 包含 YXY，Ceph 将其存储在 OSD3 中，如图 3-5 所示。

在数据恢复时，客户端从编码块 1 到编码块 5 中读取对象名称为 NYAN 的对象。OSD 通知算法编码块 2 和编码块 5 丢失。例如，由于 OSD4 丢失，从 OSD 就无法从 OSD4 中读取编码块 5 中的内容（QGC），并且由于 OSD2 出现严重负载问题，不能读取编码块 2。但是，仍然有 3 个块在线，从 OSD 将读取 3 个块中的内容：块 1 中的 ABC，块 3 中的 GHI 和块 4 中的 YXY，然后重建对象 ABCDEFGHI 的原始内容以及包含 GQC 的块 5 的原始内容。

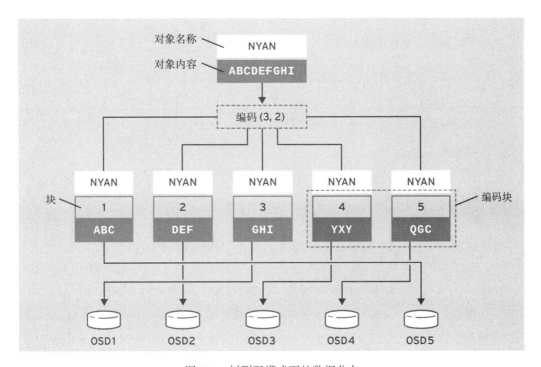

图 3-5 纠删码模式下的数据分布

注意：纠删码模式下推荐使用如下 3 种配比。

- ❑ $k=8$、$m=3$
- ❑ $k=8$、$m=4$
- ❑ $k=4$、$m=2$

3.8 Ceph 对象存储技术

前面你知道了如何将一个对象映射到相关 OSD 中，那么映射到具体的 OSD 后，Ceph 如何将对象写入具体的 OSD 呢？这就是 Ceph 的对象存储做的事情。对象存储为 OSD 的原子块设备提供了一个底层接口。当客户端读取或写入数据时，它与对象存储

接口进行交互。存储在集群中的对象具有唯一的标识符、对象数据和元数据。对象存储
接口通过确保 Ceph 对象语义正确来保证对象一致性。对象存储接口是存储介质的底层
接口，提供了性能统计信息。

Ceph 实现了几种存储数据的方法。

❑ FileStore：使用文件系统存储对象数据，在生产环境中可用。

❑ BlueStore：使用原子块设备存储对象数据，在生产环境中可用。

❑ MemStore：直接在 RAM 中测试读写操作，在开发环境中可用、在生产环境中
不可用。

❑ K/V Store：使用键 / 值数据库，在测试环境中可用、生产环境中不可用。

下面介绍在生产环境中可用的两种存储技术，即 FileStore 和 BlueStore。

3.8.1　FileStore 技术

FileStore 是 Ceph 的原始存储实现之一，并且是使用最广泛的实现方式。当 2004
年 Ceph 项目启动时，Ceph 完全依靠机械硬盘进行存储，因为基于 PCIE 的 SSD 或者基
于 NVMe 的 SSD 在技术以及成本上没有可行性。如图 3-6 所示，FileStore 不是直接与
原子块设备进行交互，而是与文件系统（通常为 xfs）进行交互。当对象存储处理完对
象的语义并将其传递给 FileStore 时，FileStore 会将放置组视为目录，将对象视为文件，
并将元数据视为 XATTR 或 omap 条目，然后将剩下的操作交给文件系统处理，保证数
据落盘。

用户数据文件在客户端写入 Ceph 集群时，将被客户端分割，生成多个以 4MB 为
单位的对象，此过程在 4.5 节进行阐述。生成的每个对象将来都需要写入 OSD。在
FileStore 存储模式中，每一个对象都要通过 FileStore 的相关功能写入底层的磁盘。在
图 3-7 中，你可以看到两个部分：Ceph 日志和 Ceph 数据。

Ceph 日志是事物日志系统。Ceph 采用的是全日志系统，也就是说将所有数据存
放在日志中。当有突发的大量写入操作时，Ceph 可以先把一些零散的、随机的 I/O 请
求保存到缓存中并进行合并，然后再统一向内核发起 I/O 请求。这样做效率会比较高，
但是一旦 OSD 崩溃，缓存中的数据就会丢失，所以数据在还未写入硬盘时都会记录

到事务日志系统中，当 OSD 崩溃后重新启动时，自动尝试从事务日志系统恢复因崩溃丢失的缓存数据。这就是图 3-7 中左侧的日志部分。写日志有两种模式：Parallel 和 Writeahead。Parallel 是日志和磁盘数据同时写；Writeahead 是先写日志，只要日志写成功，就返回，后台每隔一段时间会同步日志中的写操作，实现落盘。这种方法带来的好处就是，可以把很多小 I/O 请求合并，形成顺序写盘，提高每秒读写次数。通常在生产环境中，我们使用 SSD 来单独存储日志文件，以提高 Ceph 读写性能。

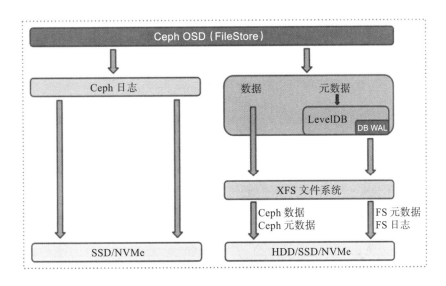

图 3-6　Filestore 工作原理

Ceph 数据就是 Ceph 的对象数据，其中包含元数据。Ceph 在写完日志后，返给 OSD 写完成消息（Writeahead 模式），然后处理下一次写请求。这意味着数据当前保留在日志系统中，还没有真正落入后端的存储磁盘。Ceph OSD 进程根据参数设置的时间定期向文件系统同步数据。此操作执行时，系统会停止写操作，专门执行日志数据到文件系统的同步。日志系统空间大小代表能缓存的数据量，同步时间的设置也会影响 Ceph 的性能，因此这些都是调优的考量参数。

Ceph 的每个对象都要通过 xfs 文件系统落盘。对于文件系统而言，其一定有元数据。为了提高对象的元数据的访问速度，我们可以采用 LevelDB 以 K/V 的方式进行存储，最后将对象落盘。

上面反复提到日志是提高 FileStore 性能的关键因素，那么日志的大小要怎么设置呢？以下是计算日志大小的一个公式。如果 SSD 的预期吞吐量为 2GB/s，并且文件存储最大同步间隔为 10s，则日志大小应为 40GB（$2 \times 2 \times 10$）。

细心的同学能发现，Ceph 的数据被写了两次。第一次是将数据写入日志系统，第二次是将数据从日志系统写入文件系统进而落盘。这样就有了写放大，势必会影响性能。这也是 FileStore 的一个致命缺陷。为了提高写性能，Ceph 解决了 FileStore 写放大的问题，开发了新的对象存储方案，也就是即将讲解的 BlueStore。

3.8.2 BlueStore 技术

BlueStore 是 Ceph 的下一代存储实现。现有的存储设备包括固态驱动器 PCI Express 或 NVMe SSD。FileStore 对 SSD 的设计存在局限，尽管做了许多改进来提高 SSD 和 NVMe 存储支持性能，但仍然存在其他限制。例如，增加的放置组要耗费巨大的计算和数据迁移成本，并且仍然存在双重写入损失。FileStore 与块设备上的文件系统进行交互，而 BlueStore 消除了文件系统层，直接使用原始块设备进行对象存储。

BlueStore 的诞生是为了解决 FileStore 同时维护一套日志系统和基于文件系统写放大的问题，实现 FileStore 本身没有的对 SSD 的最优支持，因此 BlueStore 相比于 FileStore 主要做了两方面工作。

- ❑ 去掉文件系统层，直接操作裸设备，优化日志系统。
- ❑ 针对 SSD/NVMe 进行专门优化设计。

图 3-7 是 Bluestore 的实现原理框图，接下来逐一分析功能。

1）RocksDB：存储 WAL、对象元数据、OMAP 数据以及分配器的元数据。RocksDB 是一种嵌入式高性能键 / 值存储。在闪存存储方面表现出色，RocksDB 无法直接写入原始磁盘设备，需要底层文件系统来存储其持久化数据，因此设计了 BlueFS。

2）BlueFS：简化的文件系统，解决元数据、文件及磁盘的空间分配和管理问题，存储 RocksDB 日志和 sst 文件，主要作用是支持 RocksDB。

3）HDD/SSD：物理块设备，存储实际的数据。

Ceph 对象的所有元数据的修改都记录在 BlueFS 的日志中。对于 BlueFS 而言，元数据持久保存在日志中。Ceph 挂载文件系统时，只需回放日志，就可将所有的元数据都加载到内存中。这就保证了内存文件系统数据持久化。

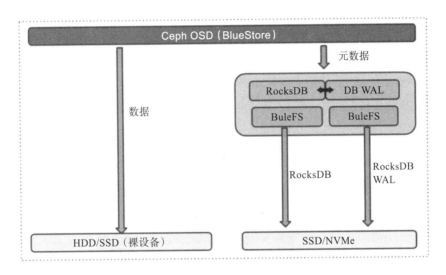

图 3-7　Bluestore 的实现原理

BlueStore 自己管理裸盘，因此需要有元数据来管理对象，对应的是 Onode。Onode 是常驻内存的数据结构，以键 / 值形式存储到 RocksDB 中，进而通过 BlueFS 的日志功能持久化数据。

3.9　Ceph 心跳检查

OSD 加入集群并向 Monitor 报告其状态。在最低级别上，OSD 状态为 up 或 down，反映了它是否正在运行并能够为 Ceph 客户端请求提供服务。如果 OSD 状态为 down 和 in，表示 OSD 可能发生故障。例如，如果 OSD 进程未运行，则无法通知 Monitor 它处于 down 状态。这时，Monitor 可以定期 ping Ceph OSD 守护进程，以确保其正在运行。如果 Ceph 集群中存在很多 OSD 进程，那么定期检测 OSD 状态将使得 Monitor 不是一个轻量级进程。Ceph 的心跳设计能让 OSD 判断相邻的 OSD 状态是否已经为 down，进而更新 Cluster Map 集群映射并向 Monitor 汇报结果。这意味着 Monitor 可以保持为轻量级进程。

3.10 Ceph Peering

Ceph 将放置组的副本存储在多个 OSD 上。放置组的每个副本都有一个状态。这些 OSD 相互对等或互相检查，以确保放置组的每个副本的状态一致。Peer 问题通常会自动解决。

当 Ceph 在一个有效的 OSD 集中存储一个放置组时，OSD 按顺序命名，称为主 OSD、从 OSD 等。通常，主 OSD 是 OSD 集中的第一个 OSD，用于存储放置组第一个副本，协调该放置组的 Peer 过程；从 OSD 是唯一接受客户端向给定放置组发起对象写入的 OSD。

Ceph 激活集中有一系列 OSD，其中一部分 OSD 进程的状态不一定是 up。激活集中处于 up 状态的 OSD 也被会放到 Up Set 中。Up Set 是一个重要的组。当 OSD 发生故障时，Ceph 可以将放置组重新映射到 Up Set 的其他 OSD 中。

3.11 Ceph 数据再平衡

当管理员将 Ceph OSD 添加到 Ceph 存储集群时，Ceph 将更新 Cluster Map。一旦更新 Cluster Map，就会更改放置组的位置。CRUSH 会均匀地放置数据，但会伪随机放置。因此，当管理员添加新的 OSD 时，会有少量数据移动。移动的数据量通常是新 OSD 的数量除以集群中的数据总量。例如，在有 50 个 OSD 的集群中，添加一个 OSD 可能会移动集群数据的 1/50。

图 3-8 描述了数据再平衡过程，其中一些放置组从现有 OSD1 和 OSD2 迁移到新 OSD3。即使在再平衡过程中，许多放置组仍保持其原始配置，并且每个 OSD 都有一些新数据写入，因此在集群再平衡后，新 OSD 上不会出现负载高峰。

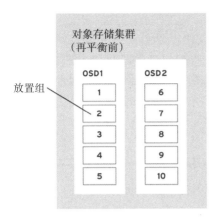
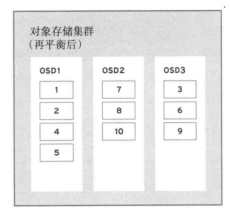

图 3-8　数据再平衡示例

3.12　Ceph 数据完整性

为了维护数据完整，Ceph 提供了多种机制来防止坏磁盘造成数据不一致。下面介绍两种机制供读者学习。

（1）清查

Ceph OSD 守护进程可以清查放置组中的对象。也就是说，Ceph OSD 守护进程可以将一个放置组中的对象元数据与其存储在其他 OSD 上的放置组中的副本进行比较。通常每天执行一次清查操作，并捕获漏洞或发现存储错误。Ceph OSD 守护进程还通过逐位比较对象中的数据来执行更深的清查。通常，每周执行一次深层清查，以便及时在硬盘上发现坏扇区以及那些日常清查不出来的问题。

（2）CRC 检查

在使用 BlueStore 的 Ceph 集群中，Ceph 可以通过对写操作进行循环冗余校验来确保数据完整，然后将 CRC 值存储在块数据库 RocksDB 中。在读取操作中，Ceph 可以从块数据库 RocksDB 中检索 CRC 值，并将其与检索到的数据生成的 CRC 值进行比较，以确保数据完整。

3.13　本章小结

本章着重介绍了 Ceph 核心技术的实现原理。通过本章内容，你能了解 Ceph 设计的巧妙之处。这里面的很多技术解决的是生产实践中面临的普遍性难题，比如数据在多节点中均匀分布技术既解决了数据安全问题，又解决了数据可靠问题。

从使用上看，Ceph 由两部分构成：一部分是 Ceph 集群，另一部分是 Ceph 客户端。本章介绍了 Ceph 集群原理，并未过多涉及 Ceph 客户端。下一章将介绍 Ceph 客户端。

第 4 章 *Chapter 4*

Ceph 客户端组件

Ceph 支持多种客户端类型，所有的客户数据都是通过客户端进行交互的。Ceph RDB 提供了块存储，其安装方式类似于物理存储驱动器。Ceph RGW 通过其自己的用户管理器提供具有 S3 兼容和 Swift 兼容的 RESTful 接口的对象存储服务。但是，所有 Ceph 客户端底层都使用 RADOS 协议和存储集群进行交互。

不论哪种存储客户端访问方式，它们都要有以下几个必备要素。

❑ Ceph 配置文件和 Ceph Monitor 地址
❑ 存储池名称
❑ 用户名和密钥的路径

本章介绍 Ceph 支持的客户端类型以及客户端中必要的技术组件，以保证数据的一致性和性能。

4.1　Ceph 支持的客户端类型

Ceph 支持当前主流的数据访问方式，比如 NFS、iSCSI、RBD、Filesystem、S3 等，如图 4-1 所示。每种客户端底层都依赖 Ceph 不同标准的客户端接口：S3/Swift、RBD、

CephFS。对于 Ceph 的客户端配置，本节不做重点介绍。

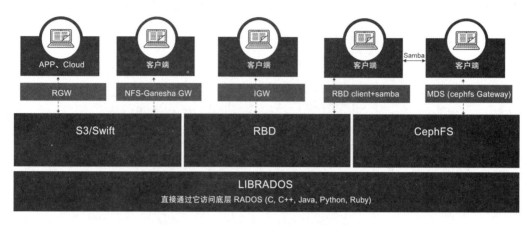

图 4-1 Ceph 支持的客户端类型

现代应用程序需要具有异步通信功能的简单对象存储接口。Ceph 存储集群提供了具有异步通信功能的简单对象存储接口。该接口支持对整个集群中对象的直接、并行访问。你可以通过对象接口执行以下操作。

❑ 池操作
❑ 快照
❑ 读 / 写对象
❑ 创建 / 设置 / 获取 / 删除 XATTR
❑ 创建 / 设置 / 获取 / 删除键 / 值对

4.2 Ceph 客户端的 Watch/Notify 机制

在 Ceph 集群中，有一个比较重要的 Watch/Notify 机制，用于在不同客户端之间进行通信，使各客户端的状态保持一致。Watch/Notify 机制需关联到特定对象。如图 4-2 所示，当多个客户端接收到同一个对象后，任一客户端发送通知消息对该对象所在的 OSD 消息进行复制，进而转发给所有的客户端。

当某客户端不是以只读方式打开对象时会接收消息，并主动发送通知消息到其他客户端，同时接收来自其他客户端的消息。而且该客户端也会收到自己发出去的通知消息，并判断此通知是不是自己发出的消息对应的回应消息。

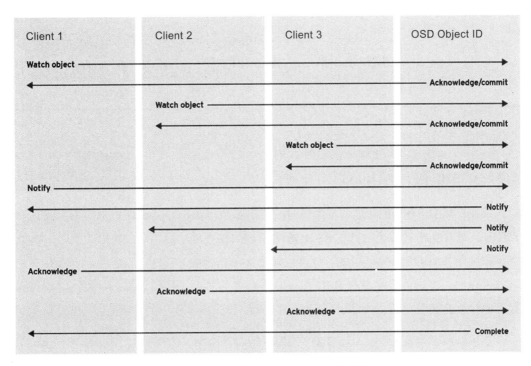

图 4-2　Ceph 的 Watch/Notify 工作机制

4.3　Ceph 客户端的独占锁

如果一个 RBD 映射到多个客户端，独占锁能保证在同一时刻 RBD 锁定单个客户端。多个客户端尝试写入同一对象，有助于解决写入冲突问题。此功能建立在 object-watch-notify 机制的基础上。因此，在写入时，如果一个客户端首先在对象上创建了独占锁，另一个客户端在写对象之前会检查该对象上是否设置了独占锁。

启用此功能后，一次只有一个客户端可以修改 RBD 设备。尤其是在创建 / 删除快照等操作期间更改内部 RBD 结构时，独占锁极为重要。它还为操作失败的客户端提供一些保护。例如，如果虚拟机不响应，并且用同一磁盘启动了另一个虚拟机，则无响应的虚拟机将在 Ceph 中被列入黑名单，并且无法破坏新启动的虚拟机。

默认情况下不启用独占锁，创建 RBD 时，必须使用 --image-feature 参数显式启用此功能。

例如：

```
[root@mon~]#rbd create --size 102400 mypool / myimage --image-feature 5
```

此处，数字 5（二进制 101）是 1（二进制 001）和 4（二进制 100）的总和，其中 1 启用 layering，而 4 启用独占锁。因此，以上命令将创建一个 100GB 的 RBD 映像，启用 layering 和独占锁。

4.4　Ceph 客户端的对象映射

当客户端对 RBD 映像执行写操作时，对象映射可跟踪写入链路后端对象。发生写操作时，该写操作将转换为后端 RADOS 对象内的偏移量。启用对象映射功能后，Ceph 将跟踪这些 RADOS 对象。因此，你可以知道对象是否实际存在。对象映射保存在客户端的内存中，这样可以避免在 OSD 中查询不存在的对象。换句话说，对象映射是实际存在的对象的索引。

对象映射对于放大 / 缩小、导出、复制、展平、删除、读操作是有好处的，避免了不必要的对象查找，节省了时间，提高了性能。

执行缩小、导出、复制和删除之类的操作时，客户端将向所有可能受影响的 RADOS 对象（无论它们是否存在）发出操作请求。启用对象映射后，如果对象不存在，则无须执行以上几种操作就能加速放大 / 缩小过程。

对于删除操作，如果你有一个 1TB 的 RBD 块，其中包含成百上千的 RADOS 对象，但没有启用对象映射，则需要为每个对象发出删除操作请求。但是，如果启用了对象映射，则只需对存在的对象发出删除操作请求。

默认情况下不启用对象映射，创建 RBD 时必须使用 --image-features 参数显式启用该特性。另外，独占锁是开启对象映射的必要条件。启用对象映射，需要执行如下命令：

```
[root@mon~]#rbd -p mypool create myimage --size 102400 --image-features 13
```

此处，数字 13 是 1（二进制 0001）、4（二进制 0100）和 8（二进制 1000）的总和，其中 1 启用 layering，4 启用独占锁，8 启用对象映射。因此，以上命令将创建一个 100GB 的 RBD 映像，启用 layering、独占锁和对象映射。

4.5　Ceph 客户端的数据条带化

存储设备具有吞吐量限制，这会影响性能和可伸缩性。因此，存储系统通常使用条带化技术解决这个问题。条带化就是将存储内容进行顺序分片，然后在多个存储设备之间分布式存储每一个分片，以提高吞吐量和性能。数据条带化最常见的形式为 RAID。与 Ceph 条带化最相似的 RAID 类型是 RAID 0，即条带化卷。Ceph 条带化提供类似 RAID 0 的吞吐量、n 路 RAID 镜像的可靠性和更快的恢复速度。Ceph 提供 3 种类型的客户端：Ceph 块设备、Ceph 文件系统和 Ceph 对象存储。Ceph 客户端将输入数据（例如 RBD 镜像、RESTful 对象、CephFS 文件系统目录）转换为要存储在 Ceph 存储集群中的对象。存储在集群中的数据会进行条带化，然后每个条带分布在不同的对象中，每个对象中含有多个条带单元。也就是说，Ceph 对象并不会被条带化。

最简单的 Ceph 条带化格式就是，1 个对象中只有 1 个条带。Ceph 客户端将条带单元写入 Ceph 存储对象，直到达到该对象最大容量，然后为其他条带创建对象，以此类推。对于小的 RBD 镜像或 S3/Swift 对象，可使用最简单的条带化格式（一个对象中只有一个条带）。但是，这种最简单的形式并没有充分利用 Ceph 在多个放置组中分布数据的优势，因此并不能有效提升性能。图 4-3 展示了一种简单的条带化格式。

条带化与对象副本无关。因为 CRUSH 会跨 OSD 实现对象的副本复制，所以条带会跟着对象复制而自动复制。在图 4-4 中，客户端数据在由 4 个对象组成的对象集（图 4-4 中的对象集 1）上进行条带化，其中第 1 个条带单元是对象 0 中的条带单元 0，对象 3 写入第 4 个条带后，客户端确定对象集是否已满。如果对象集未满，客户端将再次将条带写入第一个对象集。如果对象集已满，客户端将创建一个新的对象集，参见图 4-4 中的对象集 2，并开始在新对象集的第一个对象中写入条带单元为 16 的第一个条带，参见图 4-4 中的对象 4。

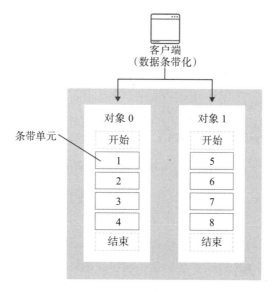

图 4-3 Ceph 条带化格式示例

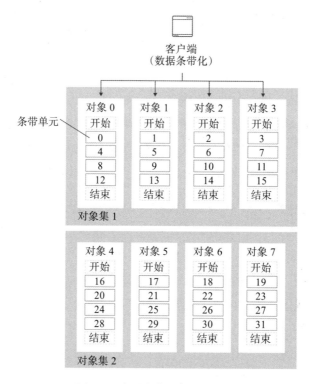

图 4-4 多对象条带化数据分布

决定 Ceph 如何做数据条带化的因素如下。

- ❏ 对象大小：Ceph 存储集群中的对象有最大可配置大小，例如 2 MB 或 4 MB。对象大小应足够大，以容纳多个条带单元，并且是条带单元的倍数。建议最大对象可配置大小安全值为 16 MB。
- ❏ 条带大小：条带单元具有可配置的大小，例如 64 KB。Ceph 客户端将要写入对象的数据划分为大小相等的条带单元，最后一个条带单元除外。一个对象可以包含多个条带单元。
- ❏ 条带数量：Ceph 客户端根据条带大小和对象大小判断一份数据需要多少个条带单元，然后将这些条带单元写入一系列（一组）对象，这组对象称为对象集。

在将集群投入生产之前，请测试条带化配置的性能。因为将条带化数据写入对象后，你将无法修改条带单元的相关配置参数。

4.6　本章小结

本章介绍了 Ceph 客户端采用的关键技术，这些技术的实现保证了 Ceph 分布式存储。Ceph 考虑了不同类型的客户端，即便你使用的客户端协议与 Ceph 提供的默认接口协议不同，也可以对 Ceph 提供的默认协议进行封装、转变，从而满足在用的存储通信协议要求。Ceph 客户端也应用了很多保证数据一致性和提高性能的技术。

在掌握了 Ceph 的基本原理后，我们接下来将介绍在 Ceph 投产过程中需要考虑的种种因素。通过示例操作，指导你落地一套开源的 Ceph 方案。

Ceph 实战

通过上面章节的介绍，你已经初步掌握了 Ceph 的基本原理以及各种组件及其工作原理。相信你已跃跃欲试，想尝试使用 Ceph。但是，在实验环境和生产环境中部署 Ceph 需要考虑的因素相差很大。

本书第二部分会重点介绍 Ceph 在生产环境中部署的各种考虑因素，并动手搭建、管理、使用 Ceph 集群。该部分内容重点包括 Ceph 集群规划、Ceph 集群安装和部署、对 Ceph 存储接口的使用、管理 Ceph、对 Ceph 调优、故障定位以及 Ceph 容灾。

Ceph 集群规划

在投产 Ceph 之前，只有做好充分的集群规划，才能在后续实践中得到满意的集群性能，同时降低运维难度。如果集群规划不当，将可能给集群扩容、升级、维护等带来很多麻烦。

本章重点介绍 Ceph 集群规划需要考虑的各种因素，如何保证集群的性能最优，如何避免异常问题出现。

5.1　版本规划

本节将以开源 Ceph 版本为基础介绍 Ceph，供使用 Red Hat 企业版本的 Ceph 用户或爱好者在规划集群时参考。本书接下来的章节将以开源 Ceph Nautilus 14.2.8 版本为例进行讲解，对应 Red Hat Ceph 企业版 Red Hat Ceph Storage 4.1。

开源的 Ceph 和 Red Hat 企业版的 Ceph 存在表 5-1 所示的对应关系。

表 5-1　开源版 Ceph 与 Red Hat Ceph 企业版的对应关系

Red Hat Ceph 企业版	对应的开源 Ceph
Red Hat Ceph Storage 1.2	Firefly 0.80.8
Red Hat Ceph Storage 1.3.0	Hammer 0.94.1
Red Hat Ceph Storage 1.3.1	Hammer 0.94.3
Red Hat Ceph Storage 1.3.2	Hammer 0.94.5
Red Hat Ceph Storage 1.3.3	Hammer 0.94.9
Red Hat Ceph Storage 2.0	Jewel 10.2.2
Red Hat Ceph Storage 2.1	Jewel 10.2.3
Red Hat Ceph Storage 2.2	Jewel 10.2.5
Red Hat Ceph Storage 2.3	Jewel 10.2.7
Red Hat Ceph Storage 2.4	Jewel 10.2.7
Red Hat Ceph Storage 2.5	Jewel 10.2.10
Red Hat Ceph Storage 3.0	Luminous 12.2.1/Luminous 12.2.4
Red Hat Ceph Storage 3.1	Luminous 12.2.5
Red Hat Ceph Storage 3.2	Luminous 12.2.8
Red Hat Ceph Storage 3.3	Luminous 12.2.12
Red Hat Ceph Storage 4.0	Nautilus 14.2.4
Red Hat Ceph Storage 4.1	Nautilus 14.2.8

5.2　基础环境规划

在规划 Ceph 集群前，你要了解将要部署的 Ceph 集群版本、功能、限制条件，然后针对这些限制条件做出必要的架构规划，尽量避免部署不可靠的模式，以及影响集群可靠性、稳定性和性能的任何因素发生。

5.2.1　推荐使用的操作系统

Ceph 集群软件需要以 Linux 操作系统为运行环境。在投产企业级 Ceph 集群软件时，你需要优先使用企业级的 Linux 操作系统（通常选择 Red Hat 的 RHEL 系统），这样能保证底层运行环境稳定。对于其他版本的操作系统，你也可以根据实际情况选择。本书将 RHEL 系统作为 Ceph 运行的底层操作系统。

如果你选用了 Red Hat Ceph Storage 4.1，请使用表 5-2 中的操作系统版本。

表 5-2 推荐运行 Ceph 的操作系统版本

厂商	版本
Red Hat Enterprise Linux/CentOS	8.1 版本以上
Red Hat Enterprise Linux/CentOS	7.7 版本以上

5.2.2 限制条件

在规划集群时，Ceph 的各种组件应尽量避免复用。虽然复用能节省服务器的数量，但是实践证明，组件角色复用会给集群的运维和性能带来很大的影响。这不是最佳实践该有的设计模式，因此你在规划 Ceph 集群的时候，请尽量避免组件角色复用，同时正确选择服务器或虚拟机，以避免给集群运行带来不稳定因素。在考虑安全性与可靠性的前提下，你必须满足如下限制要求。

❑ 至少配置 3 个 Monitor（MON）节点。

❑ 每个节点至少配置 3 个 OSD。

❑ 至少配置 2 个 Manger（MGR）节点。

❑ 所有的 OSD 节点配置相同。

❑ 如果你要使用 CephFS，至少配置 2 个配置完全相同的 MDS 节点。

❑ 如果你要使用 Ceph 对象网关，至少配置 2 个不同的 RGW 节点。

请参考表 5-3 所示的 Ceph 节点的部署支持模式合理地进行集群规划。

表 5-3 Ceph 节点的部署支持模式

组件角色	裸机	虚拟化	容器	注意事项
OSD	是	否	是	最少部署 3 个节点，只支持服务器直通存储设备，不支持外部 SAN 通过 FC 或 iSCS 网关连接到服务器的存储设备
Monitor（伴有 MGR）	是	是	是	最少部署 3 个节点，当 Ceph 集群中的 OSD 数量（通常认为磁盘数量）达到或超过 750 后，要使用 5 个 Monitor 节点。MGR 进程应该和 Monitor 节点运行在相同主机上
RGW/NFS 网关	是	是	是	
MDS	是	否	是	MDS 服务器必须使用相同的配置
iSCSI 网关	是	否	是	每个集群中使用 2~4 个 iSCSI 网关
Dashboard	是	是	是	

5.2.3　主要支持的特性

选定的 Ceph 集群版本并不是支持所有的功能特性，或者说不是所有功能特性都是稳定的。你必须选择稳定的功能特性，而在选定的功能特性中，还要按照要求配置集群，否则将给集群的稳定性带来隐患。表 5-4 中提到的几种指标及推荐配置是经过企业落地实践检验的，可供参考。

表 5-4　Ceph 的功能特性配置要求

特性	备注
副本策略	SSD：支持 2 副本，最低 1 副本，但是副本数量少，将影响数据的可靠性 HDD：支持 3 副本，最低 2 副本，但是副本数量少，将影响数据的可靠性
纠删码	支持在 RGW 和 RBD 两种模式下使用纠删码，MDS 不支持使用纠删码。 纠删码中的 K/V 值的支持配比如下。 $K+V$：8+3 $K+V$：8+4 $K+V$：4+2 集群的存储节点的最小数量为：$k+m+1$
RGW 多站点	多站点配置中不支持 Indexless Bucket
Disk Size	单盘最大容量 12TB，不支持磁带记录（SMR1）
每个 OSD 节点的数量	单节点最多配置 36 个 OSD
单集群的 OSD 数量	单集群最多配置 2500 个 OSD
Snapshot	单个 RBD 镜像支持 512 个快照，快照不支持 RGW
BlueStore	必须使用默认的分配器

5.3　服务器规划

在选型 Ceph 服务器的时候，你要首先确认好 Ceph 的使用场景。不同的使用场景下有不一样的配置考量标准。通常，Ceph 使用场景有以下 3 种。

❏ 追求良好的 IOPS 的场景。
❏ 追求良好的吞吐量的场景。
❏ 追求低成本、高容量的场景。

5.3.1　追求良好的 IOPS 的场景

随着闪存使用的增加，企业越来越多地将 IOPS 密集型工作负载托管在 Ceph 集群，以便提高私有云存储解决方案性能。在这种场景下，你可以把 MySQL、MariaDB 或 PostgreSQL 托管在 Ceph 集群，以支持结构化数据。

在此场景下推荐的最小硬件资源配置如表 5-5 所示。

表 5-5　IOPS 敏感型场景下的最小硬件资源配置

硬件	配置
CPU	假定主频为 2GHz，则每个 NVMe SSD 使用 6core 或者每个非 NVMe SSD 使用 2core
RAM	16GB+5GB*OSD（16GB 为基线，根据 OSD 数量增加内存，每个 OSD 使用 5GB）
数据磁盘	NVMe SSD
BlueStore WAL/DB	可与 NVMe SSD 数据盘同盘
磁盘控制器	PCIe
OSD 进程数	每个 NVMe SSD 分配 2 个 OSD（进程）
网络	每 2 个 OSD（进程）使用 10GB 带宽网络

5.3.2　追求良好的吞吐量场景

Ceph 集群通常可以存储半结构化数据或非结构化数据，一般是顺序读写较大的文件，需要提供很大的带宽。存储服务器上的磁盘可以使用基础 SSD 做日志加速的 HDD 盘。

在此场景下推荐的最小硬件资源配置如表 5-6 所示。

表 5-6　吞吐量敏感型场景下的最小硬件资源配置

硬件	配置
CPU	假定主频为 2GHz，每个 HDD 使用 0.5core
RAM	16GB+5GB*OSD（16G 为基线，根据 OSD 数量增加内存，每个 OSD 使用 5GB）
数据磁盘	7200 RPM 的 HDD（SATA 或者 SAS）
BlueStore WAL/DB	使用独立的 NVMe SSD 或者 SAS SSD 作为加速盘
磁盘控制器	HBA（使用 JBOD 模式）
OSD 进程数	每个 HDD 分配 1 个 OSD（进程）
网络	每 12 个 OSD（进程）使用 10GB 带宽网络

5.3.3　追求低成本、高容量的场景

通常，低成本和高容量的解决方案用于处理存储容量较大、存储时间较长的数据，且按块顺序读写。数据可以是半结构化的，也可以是非结构化的。存储内容包括媒体文件、大数据分析文件和磁盘镜像备份等。为了获得更高的效益，OSD 通常托管在 HDD 上，Ceph 的日志也存储在 HDD 上。

在此场景下推荐的最小硬件资源配置如表 5-7 所示。

表 5-7　容量、成本敏感型场景下的最小硬件资源配置

硬件	配置
CPU	假定主频为 2GHz，每个 HDD 使用 0.5core
RAM	16GB+5GB*OSD（16GB 为基线，根据 OSD 数量增加内存，每个 OSD 使用 5GB）
数据磁盘	7200 RPM 的 HDD（SATA 或者 SAS）
BlueStore WAL/DB	可与 HDD 数据盘同盘
磁盘控制器	HBA（使用 JBOD 模式）
OSD 进程数	每个 HDD 分配 1 个 OSD（进程）
网络	每 12 个 OSD（进程）使用 10GB 带宽网络

5.3.4　实验环境下服务器的最小配置

对于非生产环境下的 Ceph 集群的最小化部署，推荐最少配置 3 个节点。节点角色可以复用。条件允许的情况下，可以配置 3 MON+ 3 OSD + 3 Gateway+ 1 Client。实验环境下服务器的最小配置如表 5-8 所示。

表 5-8　实验环境下服务器的最小配置

硬件	ceph-osd	ceph-mon/mgr	ceph-radosgw	ceph-mds
处理器	1x AMD64 或 Intel 64	1x AMD64 或 Intel 64	1x AMD64 或 Intel 64	1x AMD64 或 Intel 64
RAM	16GB+5GB/OSD	1 GB/Daemon	1 GB/Daemon	2 GB/Daemon
磁盘	1 OS Disk + N × OSD Disk	1 OS Disk + 15G Disk/Daemon	1OS Disk + 5 GB/Daemon	2 MB/Daemon + Log Disk Space
网络	2x 千兆以太网	2x 千兆以太网	2x 千兆以太网	2x 千兆以太网

5.4　组网规划

组网规划对 Ceph 集群的整体性能至关重要。保证网络合理是企业用户必须考虑的。本节会对组网规划及防火墙的设置做详细讲解。

5.4.1　组网规划建议

网络配置对于构建高性能 Ceph 集群至关重要。Ceph 集群不能取代 Ceph 客户端执行请求路由或调度，而是由 Ceph 客户端直接向 Ceph OSD 守护进程发出请求。Ceph OSD 会向 Ceph 客户端执行数据复制，这意味着数据复制会在 Ceph 集群的网络上进行，且必然会带来很大的网络负载。Ceph 集群有两个网络，即公网和私网。公网承载 Ceph 的对外通信及数据交互，私网仅承载与 Ceph 集群相关的流量。如果不配置两个网络，Ceph 的所有流量都会使用同一个网络，这样性能就会相对较低。

Ceph 对网络带宽要求高，其 I/O 性能取决于网络性能，所以在 Ceph 项目建设中网络建设是至关重要的一环。在生产环境中部署，建议至少使用 10G 网络。当集群服务器数量较多时，还需要使用高性能交换机降低网络延时，提高网络总线处理能力。

公网和私网的介绍如下。

❑ 公网：用于客户端访问。客户端向 Ceph 发起读写请求，Monitor 监管集群，各种网关发起的访问请求都会通过公网处理。
❑ 私网：用于内部数据同步。OSD 之间副本数据同步、数据自我恢复均需要通过私网处理。私网带宽的要求甚至比公网还要高。

这两个网络虽然可以共享同一硬件资源，但是共享带宽会带来客户端访问性能下降等问题，所以在生产环境中建议使用独立组网方案，即两个网络分开，交换机也需要进行堆叠区分。服务器网卡绑定可以使用负载均衡的方式实现带宽聚合，提高性能和稳定性。

图 5-1 展示了 Ceph 集群的两个网络平面示意图。

在生产环境中，根据前期的容量规划可以确定服务器数量，在实际部署的时候要考虑数据中心机房硬件层面的冗余。比如使用 3 个机架存放所有服务器和交换机设备，将 Monitor 和 OSD 节点分别放置在不同的机架上，公网和私网分别设计两个 IP 段，在交换机中通过虚拟局域网进行区别。考虑到服务器扩展问题，对机架上插入服务的位置合理规划可以实现更好的扩展性。图 5-2 给出了一个硬件资源分布参考。

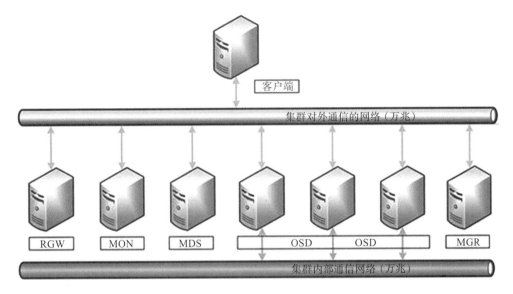

图 5-1　Ceph 的组网

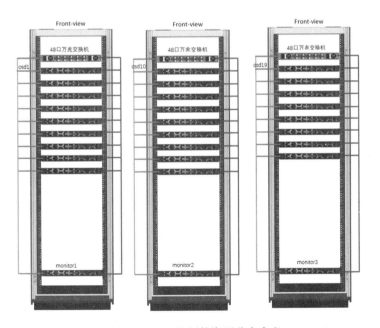

图 5-2　Ceph 的硬件资源分布参考

5.4.2 Ceph 消息通信框架

Ceph 客户端和服务器端的消息通信框架有三种：SimpleMessenger、AsyncMessenger XIOMessenger。

（1）SimpleMessenger

SimpleMessenger 使用 TCP Socket 实现。每个 Socket 有两个线程：一个线程用于接收，另一个线程用于发送。但是，这种通信机制在集群规模较大的情况下会创建大量连接，对集群的性能有一定挑战。这种框架比较稳定、成熟。

（2）AsyncMessenger

AsyncMessenger 使用带有固定大小线程池的 TCP Socket 进行连接。该 Socket 数应等于最大副本数或者纠删码块数。这种框架兼容不同的网络传输类型，如 posix、rdma、dpdk。当前，Ceph 默认的消息框架和传输类型为 async+posix。对于 rdma 和 dpdk，其在很多时候技术还不够成熟，商业化过程中的很多问题还没有发现。因此对于追求集群稳定的场景，建议慎重选用该框架。

（3）XIOMessenger

XIOMessenger 基于开源网络通信库 Accelio 实现。Accelio xio 是与传输相独立的消息抽象，当前在 RDMA（Infiniband 或 Ethernet）上运行，处于试验阶段。

5.4.3 防火墙规划

默认情况下，Monitor 监听端口为 6789。此外，Monitor 始终在公网上运行。OSD 绑定到某节点中从端口 6800 开始的第一个可用端口上。对于在该节点上运行的每个 OSD 进程，确保至少打开 4 个从端口 6800 开始的端口。

- ❏ 一个端口用于与公网上的客户端和 Monitor 节点对话。
- ❏ 一个端口用于将数据发送到私网的其他 OSD 节点上。
- ❏ 两个端口用于在私网上发送心跳包。

每个端口都是和它所在节点关联的。如果当前进程重新启动且绑定的端口未释放，这时候可能需要打开比在该 Ceph 节点上运行的守护进程所需的端口更多，即需要打开一些其他端口，以便在守护进程出现故障并不释放端口的情况下有端口可用。我们可以考虑在每个 OSD 节点上打开 6800:7300 范围内的端口。

如果设置了单独公网和 Cluster 网络，则必须同时为公网和 Cluster 网络添加规则，因为客户端使用公网进行连接，而其他 OSD 守护进程将使用 Cluster 网络进行连接。所以你需要开放的防火墙端口为 6789、6800:7300。

5.5　本章小结

本章介绍了在企业中建设 Ceph 前需要考虑的规划内容，包括硬件基础环境、服务器资源规划、网络规划。根据不同的使用场景配置不同的资源，以满足企业生产环境下的不同要求。本章内容对于建设 Ceph 集群极为重要。

在集群规划做完之后，接下来准备搭建一套 Ceph 集群环境。你可以通过第 6 章内容学习 Ceph 的部署。

Ceph 集群安装部署

在学习了第 5 章的 Ceph 集群规划后，你可以选择适当的硬件设备构建自己的 Ceph 集群。本章主要介绍如何构建一套 Ceph 集群。请注意本章的服务器配置都是最小化的安装部署，即使你的配置比本章的配置高，但是操作过程都是类似的。

6.1 基础环境准备

本章基于 ceph-ansible 项目构建最新的 Ceph 集群，并在一台物理机上通过 KVM（基于内核的虚拟机）安装多台 CentOS 7.9 虚拟机。生产环境下，硬件应该是裸机而不是虚拟机。注意，这里将 Ceph 需要的两个网络合并了。生产环境下，这两个网络一定是独立的，并且使用万兆网络进行冗余配置。表 6-1 是本章的服务器配置清单。

表 6-1　Ceph 部署环境清单

主机名	IP	CPU	内存	磁盘	角色
installer.ceph.com	192.168.122.42	x3	3GB	30GB	Ceph 客户端
mon1.ceph.com	192.168.122.161	x3	3GB	30GB	MON
mon2.ceph.com	192.168.122.162	x3	3GB	30GB	MON
mon3.ceph.com	192.168.122.163	x3	3GB	30GB	MON

（续）

主机名	IP	CPU	内存	磁盘	角色
osd1.ceph.com	192.168.122.171	x3	3GB	30GB	OSD
				20GB	
				10GB	
osd2.ceph.com	192.168.122.172	x3	3GB	30GB	OSD
				20GB	
				10GB	
osd3.ceph.com	192.168.122.173	x3	3GB	30GB	OSD
				20GB	
				10GB	
metrics.ceph.com	192.168.122.181	x3	3GB	30GB	Metrics
rgw-mds.ceph.com	192.168.122.182	x3	3GB	30GB	RGW、MDS

6.1.1　创建虚拟机

本节使用虚拟机管理器（Virtual Machine Manager）创建如下虚拟机，并安装最新的 CentOS 7.9 操作系统。如果你准备的是生产环境，请确保服务器数量规划合理。创建虚拟机的详细过程不是本书的重点，因此默认你已经具有创建虚拟机的能力。图 6-1 是 Ceph 实验集群虚拟机组成。

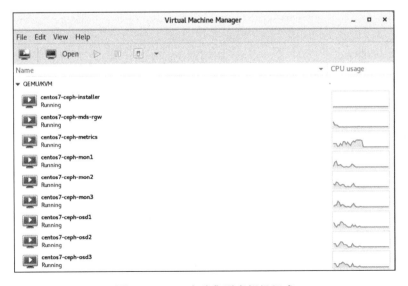

图 6-1　Ceph 实验集群虚拟机组成

6.1.2 配置服务器

每台虚拟机的配置如下。

1）升级至最新的 CentOS 7.9：

```
# yum update -y
# reboot
# cat /etc/redhat-release
CentOS Linux release 7.9.2009 (Core)
```

2）配置域名：

```
# hostnamectl set-hostname mon1.ceph.com
```

3）配置固定的 IP：

```
# cat /etc/sysconfig/network-scripts/ifcfg-eth0
HWADDR=52:54:00:CE:35:C7
TYPE=Ethernet
PROXY_METHOD=none
BROWSER_ONLY=no
BOOTPROTO=static
IPADDR=192.168.122.161
NETMASK=255.255.255.0
GATEWAY=192.168.122.1
DNS1=192.168.122.1
DEFROUTE=yes
IPV4_FAILURE_FATAL=no
IPV6INIT=yes
IPV6_AUTOCONF=yes
IPV6_DEFROUTE=yes
IPV6_FAILURE_FATAL=no
IPV6_ADDR_GEN_MODE=stable-privacy
NAME=eth0
UUID=c562a0f0-8e6b-46de-ae66-4bd6d17c82a8
DEVICE=eth0
ONBOOT=yes
```

4）查看 IP：

```
[root@mon1 ~]# ip a
1: lo: <LOOPBACK,UP,LOWER_UP> mtu 65536 qdisc noqueue state UNKNOWN group
    default qlen 1000
    link/loopback 00:00:00:00:00:00 brd 00:00:00:00:00:00
    inet 127.0.0.1/8 scope host lo
       valid_lft forever preferred_lft forever
    inet6 ::1/128 scope host
       valid_lft forever preferred_lft forever
2: eth0: <BROADCAST,MULTICAST,UP,LOWER_UP> mtu 1500 qdisc pfifo_fast state
```

```
UP group default qlen 1000
link/ether 52:54:00:ce:35:c7 brd ff:ff:ff:ff:ff:ff
inet 192.168.122.161/24 brd 192.168.122.255 scope global noprefixroute eth0
   valid_lft forever preferred_lft forever
inet6 fe80::25d2:561b:22af:a61f/64 scope link noprefixroute
   valid_lft forever preferred_lft forever
```

5）配置固定域名解析：

```
# cat /etc/hosts
127.0.0.1 localhost localhost.localdomain localhost4 localhost4.localdomain4
::1       localhost localhost.localdomain localhost6 localhost6.localdomain6
192.168.122.42 installer.ceph.com installer
192.168.122.161 mon1.ceph.com mon1
192.168.122.162 mon2.ceph.com mon2
192.168.122.163 mon3.ceph.com mon3
192.168.122.171 osd1.ceph.com osd1
192.168.122.172 osd2.ceph.com osd2
192.168.122.173 osd3.ceph.com osd3
192.168.122.181 metrics.ceph.com metrics
192.168.122.182 rgw-mds.ceph.com rgw-mds
```

6）在 installer.ceph.com 节点安装时钟服务，将其作为时钟同步服务器，添加如下配置项：

```
[root@installer ~]# vi /etc/chrony.conf
local stratum  10
manual
allow 192.168.122.0/24

[root@installer ~]# systemctl restart chronyd.service
```

7）其他机器使用 installer.ceph.com 作为时钟源服务器：

```
# vi /etc/chrony.conf
server 192.168.122.42 iburst
# systemctl restart chronyd.service
```

6.2　准备安装介质

在完成服务器的基本配置后，准备 Ceph 的相关软件包。最新的安装方法支持通过图形界面安装 Ceph。图形界面基于开源 Cockpit。下面介绍安装 Ceph 前的介质准备工作。

在 installer.ceph.com 机器上做如下配置。

1）安装需要的软件包：

```
# yum install -y docker cockpit git
# systemctl enable docker.service
# systemctl start docker.service
```

2）克隆最新的安装介质：

```
[root@installer share]# git clone https://github.com/ceph/ceph-ansible.git
[root@installer share]# cd ceph-ansible/
[root@installer ceph-ansible]# cp site.yml.sample site.yml
[root@installer ceph-ansible]# cp site-container.yml.sample site-container.yml
```

3）从 Git 仓库克隆 ceph-ansible 时可以选择对应的分支，当前主线 master 是 stable-5.0，是最新的版本。如果安装 stable nautilus，需要使用 stable-4.0：

```
[root@installer share]# git clone --branch stable-4.0 https://github.com/
    ceph/ceph-ansible.git
```

4）克隆 Cockpit Ceph 安装工具：

```
[root@installer ~]# git clone https://github.com/red-hat-storage/cockpit-
    ceph-installer.git
[root@installer ~]# cd cockpit-ceph-installer/
[root@installer cockpit-ceph-installer]# ln -snf ~/cockpit-ceph-installer/
    dist /usr/share/cockpit/cockpit-ceph-installer
[root@installer cockpit-ceph-installer]# systemctl restart cockpit.socket
[root@installer cockpit-ceph-installer]# cp utils/ansible/checkrole.yml /
    usr/share/ceph-ansible
[root@installer cockpit-ceph-installer]# cp utils/ansible/library/ceph_
    check_role.py /usr/share/ceph-ansible/library/
```

6.3　安装前检查

在 Ceph 安装前，我们要确保必要的组件正常工作，因为安装中途不能停止，如果意外错误导致安装终止，要执行环境清理，否则会导致下次安装失败。请按照如下步骤在安装机（installer.ceph.com）上通过图形界面的方式安装 Ceph。

1）启动安装服务：

```
[root@installer utils]# ./ansible-runner-service.sh -s -v
         Optional binary docker is present
Checking environment is ready
         openssl is present
         curl is present
```

```
Checking container is active
Checking/creating directories
Creating directories in /usr/share/ansible-runner-service
Creating directories in /etc/ansible-runner-service
Checking SSL certificate configuration
Creating the CA Key and Certificate for signing Client Certs
- Using cert identity - /C=US/ST=North Carolina/L=Raleigh/O=Red Hat/OU=
    RunnerServer/CN=installer.ceph.com
Generating RSA private key, 4096 bit long modulus
........................................................++
.........................................................++
e is 65537 (0x10001)
Creating the Server Key, CSR, and Certificate
Generating RSA private key, 4096 bit long modulus
....++
.....................++
e is 65537 (0x10001)
writing RSA key
Self-signing the certificate with our CA cert
Signature ok
subject=/C=US/ST=North Carolina/L=Raleigh/O=Red Hat/OU=RunnerServer/CN=
    installer.ceph.com
Getting CA Private Key
Creating the Client Key and CSR
- Using client identity - /C=US/ST=North Carolina/L=Raleigh/O=Red Hat/OU=
    RunnerClient/CN=installer.ceph.com
Generating RSA private key, 4096 bit long modulus
..++
..........................................++
e is 65537 (0x10001)
writing RSA key
Signing the client certificate with our CA cert
Signature ok
subject=/C=US/ST=North Carolina/L=Raleigh/O=Red Hat/OU=RunnerClient/CN=
    installer.ceph.com
Getting CA Private Key
Ansible API (runner-service) container set to jolmomar/ansible_runner_service
Fetching Ansible API container (runner-service). Please wait...
Using default tag: latest
Trying to pull repository docker.io/jolmomar/ansible_runner_service ...
latest: Pulling from docker.io/jolmomar/ansible_runner_service
Checking environment is ready
        openssl is present
        curl is present
Checking container is active
Checking/creating directories
Checking SSL certificate configuration
Ansible API (runner-service) container set to jolmomar/ansible_runner_service
Using the Ansible API container already downloaded (runner-service)
Starting Ansible API container (runner-service)
Started runner-service container
Waiting for Ansible API container (runner-service) to respond
- probe (1/10)
```

```
- probe (2/10)
The Ansible API container (runner-service) is available and responding to requests

Login to the cockpit UI at https://installer.ceph.com:9090/cockpit-ceph-
    installer to start the install
Linking the runner service inventory to ceph-ansible hosts
- ansible hosts linked to runner-service inventory
```

安装服务时需要下载 ansible-runner_service docker 镜像，如果下载速度慢或者无法成功下载，可以通过配置代理来下载镜像，代码如下：

```
[root@installer utils]# vi /etc/sysconfig/docker
HTTP_PROXY='http://192.168.122.1:1080/'
HTTPS_PROXY='http://192.168.122.1:1080/'
[root@installer utils]# systemctl restart docker.service
```

2）成功启动服务后下载如下镜像：

```
[root@installer utils]# docker images
REPOSITORY                             TAG        IMAGE ID      CREATED      SIZE
docker.io/jolmomar/ansible_runner_service   latest     b27d3f6bf8a6   18
    months ago   658 MB
```

3）启动容器：

```
[root@installer utils]# docker ps
CONTAINER ID    IMAGE     COMMAND          CREATED       STATUS      NAMES
a6fa8e0b649d   7d3f6bf8a6  "/usr/bin/supervis..."  8 minutes ago  Up  runner-service
```

4）检查 Cockpit 服务是否正常启动：

```
[root@installer utils]# systemctl status cockpit.service
• cockpit.service - Cockpit Web Service
    Loaded: loaded (/usr/lib/systemd/system/cockpit.service; static; vendor
    preset: disabled)
    Active: active (running) since
     Docs: man:cockpit-ws(8)
   Process: 13535 ExecStartPre=/usr/sbin/remotectl certificate --ensure
    --user=root --group=cockpit-ws --selinux-type=etc_t (code=exited,
    status=0/SUCCESS)
Main PID: 13539 (cockpit-ws)
     Tasks: 2
    CGroup: /system.slice/cockpit.service
            └─13539 /usr/libexec/cockpit-ws

[root@installer utils]# systemctl status cockpit.socket
• cockpit.socket - Cockpit Web Service Socket
    Loaded: loaded (/usr/lib/systemd/system/cockpit.socket; enabled; vendor
     preset: disabled)
    Active: active (running)
     Docs: man:cockpit-ws(8)
```

```
  Listen: [::]:9090 (Stream)
Process: 13527 ExecStartPost=/bin/ln -snf active.motd /run/cockpit/motd
  (code=exited, status=0/SUCCESS)
Process: 13519 ExecStartPost=/usr/share/cockpit/motd/update-motd
  localhost (code=exited, status=0/SUCCESS)
  Tasks: 0
```

6.4　安装 Ceph

6.3 节中的准备工作完成后，接下来启动 Ceph 安装。在安装机上按照如下操作开启 Ceph 的安装。

1）打开浏览器，访问 https://installer.ceph.com:9090，如图 6-2 所示。

图 6-2　Cockpit 登录界面

2）输入用户名与密码登录后选择 Ceph Installer，如图 6-3 所示。

3）点击 Environment 进入配置参数页面，如图 6-4 所示。

在图 6-4 中，Installation Source 项选择 Community，Target Version 项选择 14（Nautilus），Cluster Type 项选择 Development/POC，Ceph Dashboard 与 Grafana 项设定对应登录密码。

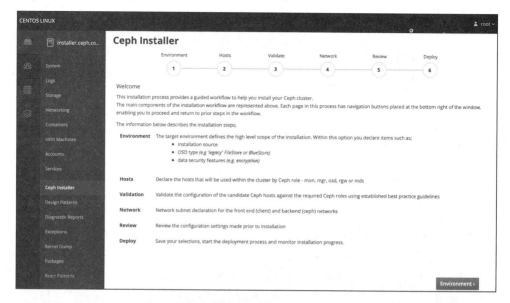

图 6-3　Ceph Installer 安装界面

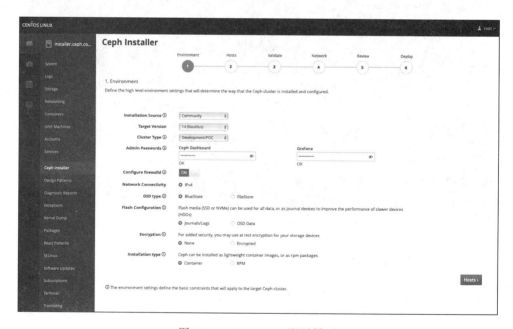

图 6-4　Environment 配置界面

4）点击 Hosts 按钮并选择部署的服务器，然后点击 Add Host(s) 按钮并添加机器，如图 6-5 所示。添加的机器需要先建立信任，在安装机器上执行如下命令建立信任。

```
[root@installer ~]# for i in mon1 mon2 mon3 osd1 osd2 osd3 metrics rgw-mds;
    do ssh-copy-id -f -i /usr/share/ansible-runner-service/env/ssh_key.pub $i ;done
```

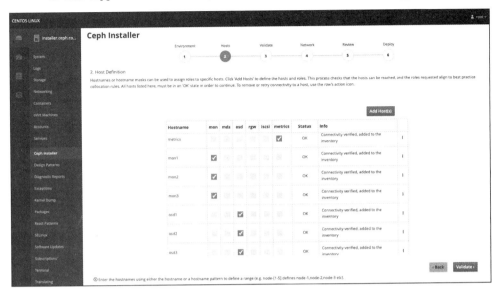

图 6-5　添加 hosts 界面

5）确认添加机器的 Status 列显示 OK，并选择对应机器的角色。

6）点击 Validate 按钮验证配置，验证界面如图 6-6 所示。

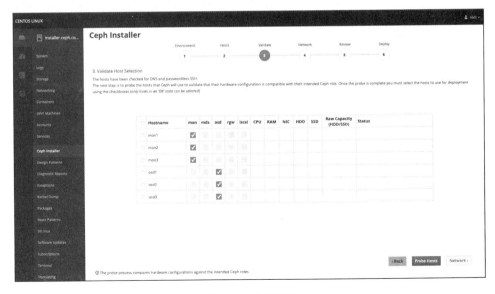

图 6-6　验证界面

7）点击 Probe Hosts 按钮探测机器，如图 6-7 所示。

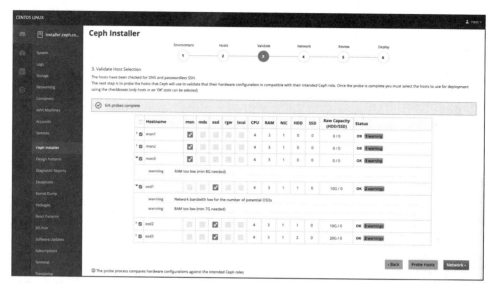

图 6-7　探测机器界面

8）因为使用的是虚拟机进行部署，机器配置不达标，所以会有告警。点击 Network 查看网络配置，如图 6-8 所示。

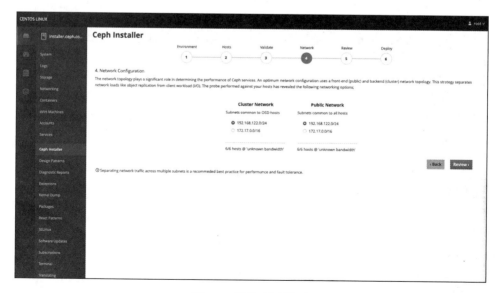

图 6-8　网络配置界面

我们可以使用多个网络平面提高集群的稳定性与性能，私网对应集群内部 OSD 数据交换的网络平面，公网对应所有机器直接通信的网络平面。

 注意　生产环境下，这两个网段要分开，不要混在一起。

9）点击 Review 按钮查看安装的所有配置细节，如图 6-9 所示。

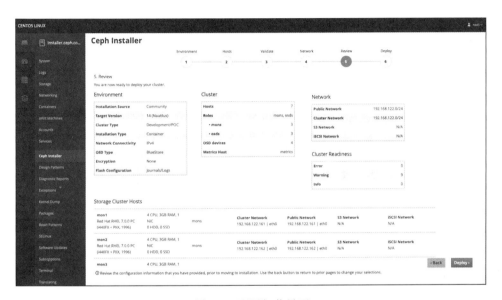

图 6-9　配置细节界面

10）确认没有问题后点击 Deploy 按钮开始部署集群，如图 6-10 所示。

11）点击 Save 按钮保存集群安装的所有配置信息，并开始安装，如图 6-11 所示。

安装时，可以实时查看安装进度、调用执行的 ansible playbook。

因为当前最新版本的 docker.io/jolmomar/ansible_runner_service:latest 镜像使用的 Ansible 版本低于 2.9，安装时会报错，需要升级在 2.9 以上。

图 6-10 开始部署界面

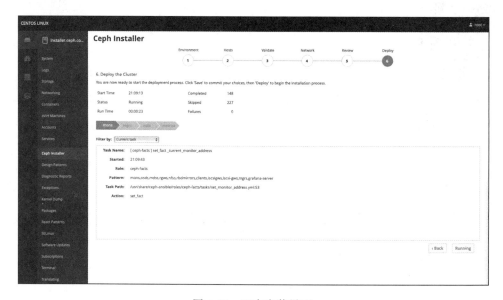

图 6-11 正在安装界面

12）登录安装机，查看执行安装操作的容器。

```
[root@installer ~]# docker ps
CONTAINER ID   IMAGE   COMMAND                    CREATED       STATUS NAMES
5db8e3c0ba8d b27d3f6bf8a6 "/usr/bin/supervis..." About an hour ago Up runner-service
```

13）进入容器，升级 Ansible 版本。

```
[root@installer ~]# docker exec -it 5db /bin/sh
sh-4.2# ansible --version
ansible 2.8.4
    config file = None
    configured module search path = ['/root/.ansible/plugins/modules',
        '/usr/share/ansible/plugins/modules']
    ansible python module location = /usr/local/lib/python3.6/site-packages/
        ansible
    executable location = /usr/local/bin/ansible

sh-4.2# cd /usr/share/ceph-ansible/
sh-4.2# pip3 install -r ./requirements.txt
Successfully installed ansible-2.9.18
sh-4.2# ansible --version
ansible 2.9.18
    config file = /usr/share/ceph-ansible/ansible.cfg
    configured module search path = ['/usr/share/ceph-ansible/library']
    ansible python module location = /usr/local/lib/python3.6/site-packages/
        ansible
    executable location = /usr/local/bin/ansible
```

整个安装过程可以登录安装的容器查看，在容器内通过调用ansible playbook实现安装

```
10481 root      20    0  301424  63368   6988 S  13.0  1.6   0:05.77 /usr/
    bin/python3.6 /usr/local/bin/ansible-playbook -i /usr/share/ansible-
    runner-service/inventory site-container.yml
10663 root      20    0  304792  62692   2744 S   5.0  1.6   0:00.60 /usr/
    bin/python3.6 /usr/local/bin/ansible-playbook -i /usr/share/ansible-
    runner-service/inventory site-container.yml
```

14）等待安装完成，如图 6-12 所示。

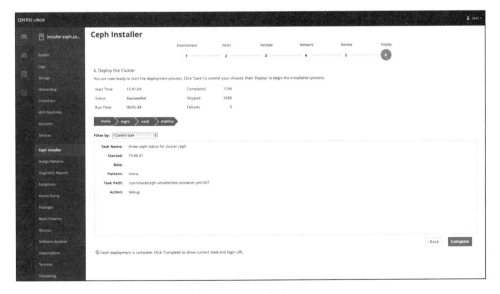

图 6-12　安装完成界面

15）点击 Complete 按钮完成安装，如图 6-13 所示。

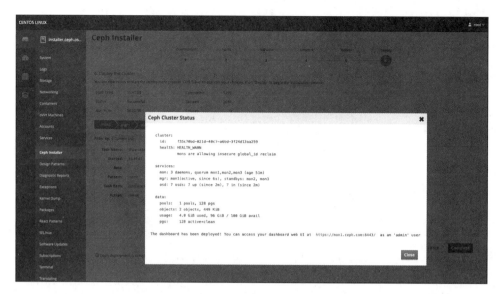

图 6-13　安装完集群后的信息预览界面

安装完成后，界面会显示 Dashboard 管理界面的访问地址以及用户名、密码。至此，Ceph 集群已经成功安装，注意保存好对应的密码。

6.5　集群检查

集群安装完毕，我们需要检查服务是否正常工作。选择一个 Monitor 节点并登录后，执行相关命令查看。

1）登录 mon1 节点，检查下载的容器镜像与启动的容器服务。

```
[root@mon1 ~]# docker images
REPOSITORY                        TAG            IMAGE ID       CREATED       SIZE
docker.io/ceph/daemon             latest-master  14af70de1efb   2 weeks ago   1.14 GB
docker.io/prom/node-exporter      v0.17.0        b3e7f67a1480   2 years ago   21 MB

[root@mon1 ~]# docker ps
CONTAINER ID    IMAGE                   COMMAND              CREATED      STATUS   NAMES
947d21bb2188    docker.io/ceph/daemon:latest-master   "/usr/bin/ceph-crash"
    30 hours ago  Up ceph-crash-mon1
```

```
8f6c2e51323a    docker.io/prom/node-exporter:v0.17.0    "/bin/node_
    exporte..."    30 hours ago    Up node-exporter
c784a2ca35a1    docker.io/ceph/daemon:latest-master    "/opt/ceph-
    contain..."    30 hours ago    Up ceph-mgr-mon1
7c1490dcdc19    docker.io/ceph/daemon:latest-master    "/opt/ceph-
    contain..."    30 hours ago    Up ceph-mon-mon1

[root@mon1 ~]# docker exec -it 947d /bin/bash
[root@mon1 /]# ps -ef
UID   PID  PPID C STIME TTY  TIME CMD
root    1    0   0 Mar09 ?    00:00:00 /usr/libexec/platform-python -s
    /usr/bin/ceph-crash

[root@mon1 ~]# docker exec -it 8f6 /bin/sh
/ $ ps -ef
PID USER   TIME  COMMAND
1   nobody  1:22 /bin/node_exporter --path.procfs=/host/proc --path.
    sysfs=/host/sys --no-collector.timex --web.listen-address=:9100

[root@mon1 ~]# docker exec -it c784 /bin/sh
sh-4.4# ps -ef
UID       PID  PPID C STIME TTY  TIME CMD
root        1    0   0 Mar09 ?    00:00:00 /bin/bash /opt/ceph-
    container/bin/entrypoint.sh
ceph       55    1   1 Mar09 ?    00:34:17 /usr/bin/ceph-mgr --cluster
    ceph --setuser ceph --setgroup ceph --default-log-to-stderr=true --err-
    to-stderr=true --default-log-to-file=false --foreground -i mon1

mon主进程如下：
[root@mon1 ~]# docker exec -it 7c14 /bin/sh
sh-4.4# ps -ef
UID       PID  PPID C STIME TTY  TIME CMD
root        1    0   0 Mar09 ?    00:00:00 /bin/bash /opt/ceph-container/
    bin/entrypoint.sh
ceph       83    1   1 Mar09 ?    00:18:36 /usr/bin/ceph-mon --cluster
    ceph --setuser ceph --setgroup ceph --default-log-to-stderr=true --err-
    to-stderr=true --default-log-to-file=false --foreground --defaul

sh-4.4# cat /proc/83/cmdline
/usr/bin/ceph-mon--clusterceph--setuserceph--setgroupceph--default-log-
    to-stderr=true--err-to-stderr=true--default-log-to-file=false--
    foreground--default-mon-cluster-log-to-stderr=true--default-log-stderr-
    prefix=debug --default-mon-cluster-log-to-file=false-imon1--mon-data/var/
    lib/ceph/mon/ceph-mon1--public-addr192.168.122.161
```

2）查看 mon1 节点启动的 Ceph 相关的系统服务。

```
[root@mon1 ~]# systemctl list-units -t service
UNIT                         LOAD   ACTIVE SUB     DESCRIPTION
ceph-crash@mon1.service      loaded active running Ceph crash dump collector
ceph-mgr@mon1.service        loaded active running Ceph Manager
ceph-mon@mon1.service        loaded active running Ceph Monitor
node_exporter.service        loaded active running Node Exporter
```

以上服务在系统重启后能以容器的形式启动。

3）配置 crash 服务。

```
[root@mon1 ~]# cat /etc/systemd/system/ceph-crash@.service
[Unit]
Description=Ceph crash dump collector
After=docker.service
Requires=docker.service

[Service]
ExecStartPre=-/usr/bin/docker rm -f ceph-crash-%i
ExecStart=/usr/bin/docker run --rm --name ceph-crash-%i \
--net=host \
-v /var/lib/ceph:/var/lib/ceph:z \
-v /etc/localtime:/etc/localtime:ro \
-v /etc/ceph:/etc/ceph:z \
--entrypoint=/usr/bin/ceph-crash docker.io/ceph/daemon:latest-master
ExecStop=-/usr/bin/docker stop ceph-crash-%i
StartLimitInterval=10min
StartLimitBurst=30
KillMode=none
Restart=always
RestartSec=10s
TimeoutStartSec=120
TimeoutStopSec=10

[Install]
WantedBy=multi-user.target
```

4）配置 mgr 服务。

```
[root@mon1 ~]# cat /etc/systemd/system/ceph-mgr@.service
[Unit]
Description=Ceph Manager
After=docker.service
Requires=docker.service

[Service]
EnvironmentFile=-/etc/environment
ExecStartPre=-/usr/bin/docker stop ceph-mgr-mon1
ExecStartPre=-/usr/bin/docker rm ceph-mgr-mon1
ExecStart=/usr/bin/docker run --rm --net=host \
  --memory=2845m \
  --cpus=1 \
  -v /var/lib/ceph:/var/lib/ceph:z,rshared \
  -v /etc/ceph:/etc/ceph:z \
  -v /var/run/ceph:/var/run/ceph:z \
  -v /etc/localtime:/etc/localtime:ro \
  -v /var/log/ceph:/var/log/ceph:z \
  -e CLUSTER=ceph \
```

```
  -e CEPH_DAEMON=MGR \
  -e CONTAINER_IMAGE=docker.io/ceph/daemon:latest-master \
   \
  --name=ceph-mgr-mon1 \
  docker.io/ceph/daemon:latest-master
ExecStopPost=-/usr/bin/docker stop ceph-mgr-mon1
KillMode=none
Restart=always
RestartSec=10s
TimeoutStartSec=120
TimeoutStopSec=15

[Install]
WantedBy=multi-user.target
```

5）配置 mon 服务。

```
[root@mon1 ~]# cat /etc/systemd/system/ceph-mon@.service
[Unit]
Description=Ceph Monitor
After=docker.service
Requires=docker.service

[Service]
EnvironmentFile=-/etc/environment
ExecStartPre=-/usr/bin/docker stop ceph-mon-%i
ExecStartPre=-/usr/bin/docker rm ceph-mon-%i
ExecStartPre=/bin/sh -c '"$(command -v mkdir)" -p /etc/ceph /var/lib/ceph/
mon'
ExecStart=/usr/bin/docker run --rm --name ceph-mon-%i \
  --memory=2845m \
  --cpus=1 \
  -v /var/lib/ceph:/var/lib/ceph:z,rshared \
  -v /etc/ceph:/etc/ceph:z \
  -v /var/run/ceph:/var/run/ceph:z \
  -v /etc/localtime:/etc/localtime:ro \
  -v /var/log/ceph:/var/log/ceph:z \
--net=host \
-e IP_VERSION=4 \
  -e MON_IP=192.168.122.161 \
  -e CLUSTER=ceph \
  -e FSID=f99134e9-c5fb-4917-b7e5-372ab4d6a8f0 \
  -e MON_PORT=3300 \
  -e CEPH_PUBLIC_NETWORK=192.168.122.0/24 \
  -e CEPH_DAEMON=MON \
  -e CONTAINER_IMAGE=docker.io/ceph/daemon:latest-master \
   \
  docker.io/ceph/daemon:latest-master
ExecStop=-/usr/bin/docker stop ceph-mon-%i
ExecStopPost=-/bin/rm -f /var/run/ceph/ceph-mon.mon1.asok
KillMode=none
Restart=always
RestartSec=10s
```

```
TimeoutStartSec=120
TimeoutStopSec=15

[Install]
WantedBy=multi-user.target
```

6）配置 node_ exporter 监控服务。

```
[root@mon1 ~]# cat /etc/systemd/system/node_exporter.service
# This file is managed by ansible, don't make changes here - they will be
# overwritten.
[Unit]
Description=Node Exporter
After=docker.service
Requires=docker.service

[Service]
EnvironmentFile=-/etc/environment
ExecStartPre=-/usr/bin/docker rm -f node-exporter
ExecStart=/usr/bin/docker run --rm --name=node-exporter \
  --privileged \
  -v /proc:/host/proc:ro -v /sys:/host/sys:ro \
  --net=host \
  docker.io/prom/node-exporter:v0.17.0 \
  --path.procfs=/host/proc \
  --path.sysfs=/host/sys \
  --no-collector.timex \
  --web.listen-address=:9100
ExecStop=-/usr/bin/docker stop node-exporter
KillMode=none
Restart=always
RestartSec=10s
TimeoutStartSec=120
TimeoutStopSec=15

[Install]
WantedBy=multi-user.target
```

7）登录 OSD 节点，检查当前节点启动的容器。

```
[root@osd1 ~]# docker ps
CONTAINER ID    IMAGE
d4932fffcbd4    docker.io/prom/node-exporter:v0.17.0
f7fea96ee903    docker.io/ceph/daemon:latest-master
3fc9dc2cc268    docker.io/ceph/daemon:latest-master
COMMAND                    CREATED          STATUS     NAMES
"/bin/node_exporte..."     30 hours ago     Up         node-exporter
"/usr/bin/ceph-crash"      30 hours ago     Up         ceph-crash-osd1
"/opt/ceph-contain..."     30 hours ago     Up         ceph-osd-0

osd主进程如下：
sh-4.4# ps -ewwf |grep ceph-osd
ceph      1053   949  0 Mar09 ?        00:05:16 /usr/bin/ceph-osd --cluster
```

```
ceph --setuser ceph --setgroup ceph --default-log-to-stderr=true --err-
to-stderr=true --default-log-to-file=false --foreground -i 0
```

8）在 OSD 节点上启动 Ceph 相关的系统服务。

```
[root@osd1 ~]# systemctl list-units -t service
UNIT                          LOAD   ACTIVE SUB     DESCRIPTION
ceph-crash@osd1.service       loaded active running Ceph crash dump collector
ceph-osd@0.service            loaded active running Ceph OSD
ceph-osd@3.service            loaded active running Ceph OSD
```

9）每个 OSD 节点上启动一个对应的 osd@x 系统服务。

```
[root@osd1 ~]# cat /etc/systemd/system/ceph-crash@.service
[Unit]
Description=Ceph crash dump collector
After=docker.service
Requires=docker.service

[Service]
ExecStartPre=-/usr/bin/docker rm -f ceph-crash-%i
ExecStart=/usr/bin/docker run --rm --name ceph-crash-%i \
--net=host \
-v /var/lib/ceph:/var/lib/ceph:z \
-v /etc/localtime:/etc/localtime:ro \
-v /etc/ceph:/etc/ceph:z \
--entrypoint=/usr/bin/ceph-crash docker.io/ceph/daemon:latest-master
ExecStop=-/usr/bin/docker stop ceph-crash-%i
StartLimitInterval=10min
StartLimitBurst=30
KillMode=none
Restart=always
RestartSec=10s
TimeoutStartSec=120
TimeoutStopSec=10

[Install]
WantedBy=multi-user.target

[root@osd1 ~]# cat /etc/systemd/system/ceph-osd@.service
# Please do not change this file directly since it is managed by Ansible and
    will be overwritten
[Unit]
Description=Ceph OSD
After=docker.service
Requires=docker.service

[Service]
EnvironmentFile=-/etc/environment
ExecStartPre=-/usr/bin/docker stop ceph-osd-%i
ExecStartPre=-/usr/bin/docker rm -f ceph-osd-%i
ExecStart=/usr/bin/docker run \
```

```
    --rm \
    --net=host \
    --privileged=true \
    --pid=host \
    --ipc=host \
    --cpus=4 \
    -v /dev:/dev \
    -v /etc/localtime:/etc/localtime:ro \
    -v /var/lib/ceph:/var/lib/ceph:z \
    -v /etc/ceph:/etc/ceph:z \
    -v /var/run/ceph:/var/run/ceph:z \
    -v /var/run/udev/:/var/run/udev/ \
    -v /var/log/ceph:/var/log/ceph:z \
    -e OSD_BLUESTORE=1 -e OSD_FILESTORE=0 -e OSD_DMCRYPT=0 \
    -e CLUSTER=ceph \
    -v /run/lvm/:/run/lvm/ \
    -e CEPH_DAEMON=OSD_CEPH_VOLUME_ACTIVATE \
    -e CONTAINER_IMAGE=docker.io/ceph/daemon:latest-master \
    -e OSD_ID=%i \
    --name=ceph-osd-%i \
     \
    docker.io/ceph/daemon:latest-master
ExecStop=-/usr/bin/docker stop ceph-osd-%i
KillMode=none
Restart=always
RestartSec=10s
TimeoutStartSec=120
TimeoutStopSec=15

[Install]
WantedBy=multi-user.target
```

10）登录 metrics 节点，检查当前节点上运行的容器。

```
[root@metrics ~]# docker ps
CONTAINER ID        IMAGE
50bf45071030        docker.io/prom/prometheus:v2.7.2
3428fef5496d        docker.io/prom/alertmanager:v0.16.2
2af60bfca56a        docker.io/grafana/grafana:6.7.4
83fab47b455f        docker.io/prom/node-exporter:v0.17.0
COMMAND                      CREATED           STATUS      NAMES
"/bin/prometheus -..."       30 hours ago      Up          prometheus
"/bin/alertmanager..."       30 hours ago      Up          alertmanager
"/run.sh"                    30 hours ago      Up          grafana-server
"/bin/node_exporte..."       30 hours ago      Up          node-exporter
```

11）打开浏览器，访问 https://mon2.ceph.com:8443，输入用户名与密码并登录 Ceph 集群，如图 6-14 所示。

具体的管理界面如图 6-15 所示。

图 6-14　集群登录界面

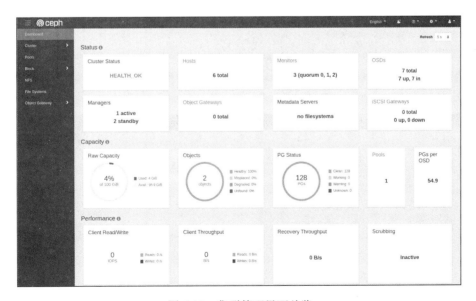

图 6-15　集群管理界面总览

12）打开浏览器输入 https://metrics.ceph.com:3000 访问 Grafana，查看集群各项指

标，如图 6-16 所示。

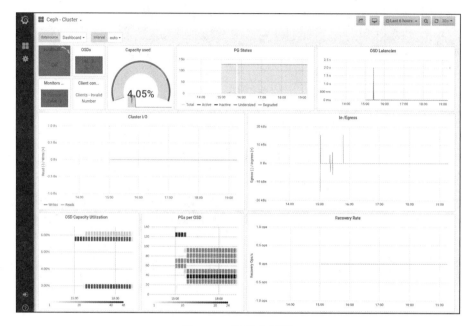

图 6-16　监控主页面

13）打开浏览器输入 https://metrics.ceph.com:9092 访问 Prometheus，查看监控指标，如图 6-17 所示。

图 6-17　监控指标页面

14）通过在 installer.ceph.com 机器安装 Ceph 客户端，以命令行方式访问 Ceph 集群。

```
[root@installer ~]# yum -y install centos-release-ceph-nautilus.noarch
[root@installer ~]# yum install ceph-common
[root@installer ~]# scp mon1:/etc/ceph/ceph.conf /etc/ceph/
[root@installer ~]# scp mon1:/etc/ceph/ceph.client.admin.keyring /etc/ceph/
[root@installer ~]# ceph -s
  cluster:
    id:      f99134e9-c5fb-4917-b7e5-372ab4d6a8f0
    health: HEALTH_OK

  services:
    mon: 3 daemons, quorum mon1,mon2,mon3 (age 3h)
    mgr: mon2(active, since 2d), standbys: mon1, mon3
    mds: cephfs:1 {0=rgw-mds=up:active}
    osd: 6 osds: 6 up (since 2d), 6 in (since 2d)
    rgw: 1 daemon active (rgw-mds.rgw0)

  data:
    pools:   7 pools, 416 pgs
    objects: 339 objects, 28 KiB
    usage:   228 MiB used, 90 GiB / 90 GiB avail
    pgs:     416 active+clean

查看Ceph版本
[root@installer ~]# ceph --version
```

6.6　本章小结

本章重点介绍了基于 Cockpit 图形化方式快速部署 Ceph 集群。通过学习本章内容，你可以快速了解整个 Ceph 集群安装过程，以及各个组件的大致工作方式。注意，本章内容的部署是基于虚拟机实现的，主要起到示范作用。

掌握了本章内容，你基本上就掌握了 Ceph 集群部署方法。下一章将介绍如何在 Ceph 集群中使用对象存储。

使用 Ceph 对象存储

Ceph 集群提供了最主要的 3 种对外访问接口：对象存储接口、块存储接口、文件存储接口。其中，对象存储接口也是主流的存储访问接口。但是在 Ceph 集群中使用对象存储接口时必须以对象网关作为访问入口。因此，本章主要介绍如何部署和使用对象网关，以便访问对象存储接口。

在生产环境下，为了提高对象存储接口的访问性能，建议部署多个对象网关，并且对象网关节点尽量不要和其他角色的节点复用。以下操作因服务器数量限制而采用了复用部署方式。

7.1 部署对象网关

本节主要提供了以图形界面方式部署对象网关，具体步骤如下。

1）重新启动 Cockpit Ceph Installer，添加 rgw-mds 节点，充当 RGW 角色，如图 7-1 所示。

2）选择 S3 网络，配置如图 7-2 所示。

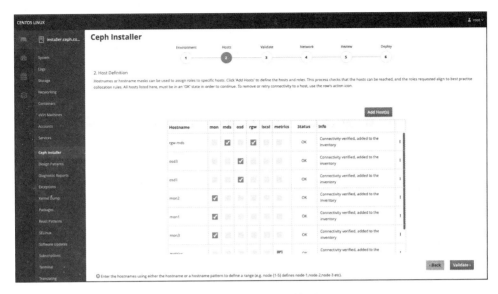

图 7-1 host(s) 配置界面

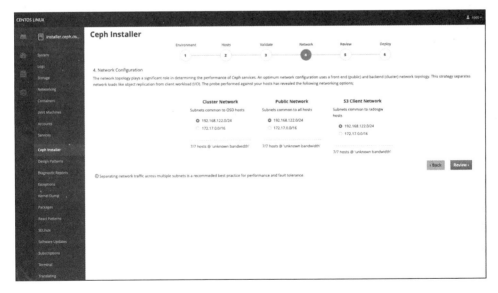

图 7-2 S3 网络配置

 注
意 S3 网络使用公网作为集群对外访问的网络。

3）配置之后，执行安装。

4）安装完成后，通过仪表盘（Dashboard）可以看到已经有 1 个 Object Gateways，如图 7-3 所示。

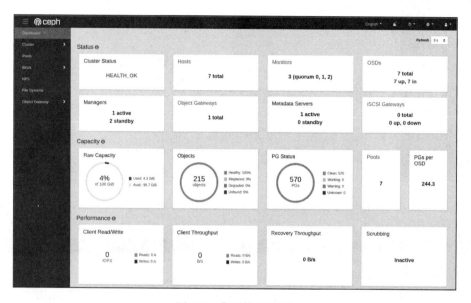

图 7-3　集群管理界面

5）通过 Ceph 客户端命令也可以看到当前已经部署好一个 RGW 节点。

```
[root@installer ~]# ceph -s
  cluster:
    id:     f99134e9-c5fb-4917-b7e5-372ab4d6a8f0
    health: HEALTH_OK

  services:
    mon: 3 daemons, quorum mon1,mon2,mon3 (age 3h)
    mgr: mon2(active, since 2d), standbys: mon1, mon3
    mds: cephfs:1 {0=rgw-mds=up:active}
    osd: 6 osds: 6 up (since 2d), 6 in (since 2d)
    rgw: 1 daemon active (rgw-mds.rgw0)

  data:
    pools:   7 pools, 416 pgs
    objects: 339 objects, 28 KiB
    usage:   228 MiB used, 90 GiB / 90 GiB avail
    pgs:     416 active+clean
```

6）登录 RGW 节点，查看下载的镜像以及启动的容器。

```
[root@rgw-mds ~]# docker images
REPOSITORY                   TAG            IMAGE ID       CREATED       SIZE
docker.io/ceph/daemon        latest-master  14af70de1efb   2 weeks ago   1.14 GB
docker.io/prom/node-exporter v0.17.0        b3e7f67a1480   2 years ago   21 MB

[root@rgw-mds ~]# docker ps
CONTAINER ID     IMAGE
daf8393b6f0d     docker.io/prom/node-exporter:v0.17.0
e690f7d59657     docker.io/ceph/daemon:latest-master
21ea58a9d47c     docker.io/ceph/daemon:latest-master
COMMAND                   CREATED             STATUS      NAMES
"/bin/node_exporte..."    About a minute ago  Up          node-exporter
"/opt/ceph-contain..."    About a minute ago  Up          ceph-rgw-rgw-mds-rgw0
"/opt/ceph-contain..."    2 minutes ago       Up          ceph-mds-rgw-mds
```

7）进入 RGW 节点中的容器，查看启动的服务。

```
[root@rgw-mds ~]# docker exec -it e690 /bin/sh
sh-4.4# ps -ewwf
UID  PID  PPID  C STIME TTY      TIME CMD
root 1    0    0 20:21?   00:00:00 /bin/bash /opt/ceph-container/bin/entrypoint.sh
ceph 100  1    0 20:21 ?  00:00:33 /usr/bin/radosgw --cluster ceph
    --setuser ceph --setgroup ceph --default-log-to-stderr=true --err-to-
    stderr=true --default-log-to-file=false --foreground -n client.rgw.rgw-
    mds.rgw0 -k /var/lib/ceph/radosgw/ceph-rgw.rgw-mds.rgw0/keyring
```

8）在 8080 端口启动网关服务。

```
[root@rgw-mds ~]# ss -antlp
State  Recv-Q Send-Q  Local Address:Port   Peer Address:Port      LISTEN
0    128    192.168.122.182:8080   *:*     users:(("radosgw",pid=8422,fd=58))
```

9）在 Ceph 客户端检查网关服务的连通性。

```
[root@installer ~]# curl http://192.168.122.182:8080
<?xml version="1.0" encoding="UTF-8"?><ListAllMyBucketsResult xmlns="http://
    s3.amazonaws.com/doc/2006-03-01/"><Owner><ID>anonymous</ID><DisplayName>
    </DisplayName></Owner><Buckets></Buckets></ListAllMyBucketsResult>
```

7.2　通过 S3 接口使用对象存储

Ceph 对象存储接口兼容 S3 接口，因此对象存储接口和 S3 接口的使用方式完全相同。Ceph 提供了专有命令来访问 S3 接口提供的存储，具体操作如下。

1）在 installer 机器上创建 S3 访问的 Access Key 与 Secret Key。

```
[root@installer ~]# radosgw-admin user create --uid='test' --display-name=
    'Test User' --access-key='s3user' --secret-key='test1234'
```

```
{
    "user_id": "test",
    "display_name": "Test User",
    "email": "",
    "suspended": 0,
    "max_buckets": 1000,
    "subusers": [],
    "keys": [
        {
            "user": "test",
            "access_key": "s3user",
            "secret_key": "test1234"
        }
    ],
    "swift_keys": [],
    "caps": [],
    "op_mask": "read, write, delete",
    "default_placement": "",
    "default_storage_class": "",
    "placement_tags": [],
    "bucket_quota": {
        "enabled": false,
        "check_on_raw": false,
        "max_size": -1,
        "max_size_kb": 0,
        "max_objects": -1
    },
    "user_quota": {
        "enabled": false,
        "check_on_raw": false,
        "max_size": -1,
        "max_size_kb": 0,
        "max_objects": -1
    },
    "temp_url_keys": [],
    "type": "rgw",
    "mfa_ids": []
}
```

2）查看运行对应的配置。

```
[root@installer ~]# radosgw-admin user info --uid='test'
{
    "user_id": "test",
    "display_name": "Test User",
    "email": "",
    "suspended": 0,
    "max_buckets": 1000,
    "subusers": [],
    "keys": [
        {
            "user": "test",
            "access_key": "s3user",
```

```
            "secret_key": "test1234"
        }
    ],
    "swift_keys": [],
    "caps": [],
    "op_mask": "read, write, delete",
    "default_placement": "",
    "default_storage_class": "",
    "placement_tags": [],
    "bucket_quota": {
        "enabled": false,
        "check_on_raw": false,
        "max_size": -1,
        "max_size_kb": 0,
        "max_objects": -1
    },
    "user_quota": {
        "enabled": false,
        "check_on_raw": false,
        "max_size": -1,
        "max_size_kb": 0,
        "max_objects": -1
    },
    "temp_url_keys": [],
    "type": "rgw",
    "mfa_ids": []
}
```

访问 S3 对象存储的客户端工具有很多种，比较简单、通用的客户端工具为 s3cmd，当然也有很多图形界面的工具。本节以 s3cmd 作为客户端访问 Ceph 对象存储的工具。

3）下载并配置最新的 s3cmd 客户端工具。

> 注意　以下 s3cmd 的配置文件中的 Access Key 和 Secret Key 即刚刚创建用户时产生的两个 Key。S3 Endpoint 为对象网关地址和端口号的组合。

```
# wget https://sourceforge.net/projects/s3tools/files/s3cmd/2.1.0/s3cmd-
    2.1.0.tar.gz
# tar -xzvf s3cmd-2.1.0.tar.gz
# cd s3cmd-2.1.0/
[root@installer s3cmd-2.1.0]# ./s3cmd --configure

Enter new values or accept defaults in brackets with Enter.
Refer to user manual for detailed description of all options.

Access key and Secret key are your identifiers for Amazon S3. Leave them
    empty for using the env variables.
Access Key: s3user
Secret Key: test1234
```

```
Default Region [US]:

Use "s3.amazonaws.com" for S3 Endpoint and not modify it to the target Amazon S3.
S3 Endpoint [s3.amazonaws.com]: rgw-mds.ceph.com:8080

Use "%(bucket)s.s3.amazonaws.com" to the target Amazon S3. "%(bucket)s"
    and "%(location)s" vars can be used
if the target S3 system supports dns based buckets.
DNS-style bucket+hostname:port template for accessing a bucket [%(bucket)
    s.s3.amazonaws.com]: rgw-mds.ceph.com:8080

Encryption password is used to protect your files from reading
by unauthorized persons while in transfer to S3
Encryption password:
Path to GPG program [/usr/bin/gpg]:

When using secure HTTPS protocol all communication with Amazon S3
servers is protected from 3rd party eavesdropping. This method is
slower than plain HTTP, and can only be proxied with Python 2.7 or newer
Use HTTPS protocol [Yes]: no

On some networks all internet access must go through a HTTP proxy.
Try setting it here if you can't connect to S3 directly
HTTP Proxy server name:

New settings:
  Access Key: s3user
  Secret Key: test1234
  Default Region: US
  S3 Endpoint: rgw-mds.ceph.com:8080
  DNS-style bucket+hostname:port template for accessing a bucket: %(bucket)
    s.rgw-mds.ceph.com:8080
  Encryption password:
  Path to GPG program: /usr/bin/gpg
  Use HTTPS protocol: False
  HTTP Proxy server name:
  HTTP Proxy server port: 0

Test access with supplied credentials? [Y/n] y
Please wait, attempting to list all buckets...
Success. Your access key and secret key worked fine :-)

Now verifying that encryption works...
Not configured. Never mind.

Save settings? [y/N] y
Configuration saved to '/root/.s3cfg'
```

4）确认配置文件 .s3cfg 中的以下两个参数为对象网关和端口号的组合。

```
host_base = rgw-mds.ceph.com:8080
host_bucket = rgw-mds.ceph.com:8080
```

5）创建 Bucket。

```
[root@installer s3cmd-2.1.0]# ./s3cmd mb s3://mybuck
Bucket 's3://mybuck/' created
```

6）向 Bucket 写入数据。

```
[root@installer s3cmd-2.1.0]# dd if=/dev/random of=/root/test.file bs=1M count=5
dd: warning: partial read (115 bytes); suggest iflag=fullblock
0+5 records in
0+5 records out
427 bytes (427 B) copied, 0.000682428 s, 626 kB/s
[root@installer s3cmd-2.1.0]# ./s3cmd put /root/test.file s3://mybuck
WARNING: Module python-magic is not available. Guessing MIME types based on
    file extensions.
upload: '/root/test.file' -> 's3://mybuck/test.file'  [1 of 1]
 427 of 427    100% in    2s    198.97 B/s  done
[root@installer s3cmd-2.1.0]# ./s3cmd ls s3://mybuck
2021-03-13 16:38              427   s3://mybuck/test.file
```

7）用户也可以通过 Dashboard 创建 Bucket，如图 7-4 所示。

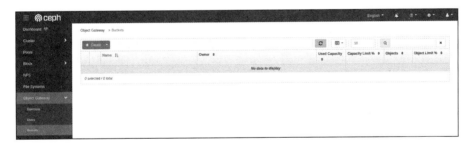

图 7-4　Bucket 管理界面

7.3　本章小结

本章主要介绍了如何在 Ceph 集群中部署对象存储网关，以及通过 S3 接口使用对象存储。通过本章内容，你可以快速部署对象存储网关以及使用对象存储。注意在生产环境下，对象网关节点要部署多个，这样能保证对象存储网关具备高可用特性。如果你需要增加多个网关，也可以参考本章类似的内容，在现有集群中增加节点。

下一章将介绍如何在 Ceph 集群中使用块存储。这部分也是你必须要掌握的内容。

第 8 章

使用 Ceph 块存储

块存储接口是另一种主流的存储访问接口，也是常见的存储形态，比如服务器下的 /dev/sdx 设备都是块存储设备。你可以像使用磁盘一样来使用 Ceph 提供的块存储设备。本章主要介绍如何访问块存储。

8.1 创建和删除池

使用 Ceph 块存储前，先创建一个池。在创建池之后，对存储进行定义，并创建属于该池的块存储设备。以下操作实现池的创建和删除。

1）查看池。

```
[root@installer ~]# ceph df
--- RAW STORAGE ---
CLASS    SIZE     AVAIL    USED     RAW USED     %RAW USED
hdd      90 GiB   90 GiB   212 MiB  212 MiB      0.23
TOTAL    90 GiB   90 GiB   212 MiB  212 MiB      0.23

--- POOLS ---
POOL                    ID  PGS  STORED   OBJECTS      USED  %USED  MAX AVAIL
device_health_metrics   1   32   0 B      0            0 B   0      28 GiB
cephfs_data             2   32   0 B      0            0 B   0      28 GiB
cephfs_metadata         3   128  9.2 KiB  22       112 KiB   0      28 GiB
.rgw.root               4   32   1.3 KiB  4         48 KiB   0      28 GiB
```

```
default.rgw.log              5    32    23 KiB    335   1.9 MiB    0    28 GiB
default.rgw.control          6    32      0 B       8      0 B      0    28 GiB
default.rgw.meta             7   128   1.1 KiB      7    72 KiB     0    28 GiB
default.rgw.buckets.index 8   32    11 KiB      11    34 KiB     0    28 GiB
default.rgw.buckets.data  9   32    427 B        1    12 KiB     0    28 GiB
```

2）创建 RDB 池。

```
[root@installer ~]# ceph osd pool create rbd 24
Error ERANGE:  pg_num 24 size 3 would mean 1512 total pgs, which exceeds
    max 1500 (mon_max_pg_per_osd 250 * num_in_osds 6)
提示放置组数量超出了当前最大限制，增大每个OSD中最大放置组限制数
[root@installer ~]# ceph config set mon mon_max_pg_per_osd 500
[root@installer ~]# ceph osd pool create rbd 24
pool 'rbd' created

[root@installer ~]# ceph df
--- RAW STORAGE ---
CLASS    SIZE     AVAIL     USED     RAW USED    %RAW USED
hdd     90 GiB   90 GiB   221 MiB    221 MiB      0.24
TOTAL   90 GiB   90 GiB   221 MiB    221 MiB      0.24


--- POOLS ---
POOL                       ID   PGS    STORED   OBJECTS    USED   %USED   MAX AVAIL
device_health_metrics       1   32       0 B        0      0 B      0    28 GiB
cephfs_data                 2   32       0 B        0      0 B      0    28 GiB
cephfs_metadata             3  128     9.2 KiB     22   112 KiB     0    28 GiB
.rgw.root                   4   32     1.3 KiB      4    48 KiB     0    28 GiB
default.rgw.log             5   32      23 KiB    335   1.9 MiB     0    28 GiB
default.rgw.control         6   32       0 B        8      0 B      0    28 GiB
default.rgw.meta            7  128     1.1 KiB      7    72 KiB     0    28 GiB
default.rgw.buckets.index 8   32      11 KiB     11    34 KiB     0    28 GiB
default.rgw.buckets.data  9   32      427 B        1    12 KiB     0    28 GiB
rbd                        11   24       0 B        0      0 B      0    28 GiB
```

3）要删除池必须设置 --mon-allow-pool-delete=true 参数，否则指定的池无法删除。因为这是不可逆操作，所有执行命令时一定要非常清楚自己的目的，否则会产生严重后果。

```
[root@installer ~]# ceph tell mon.\* injectargs '--mon-allow-pool-delete=true'
mon.mon1: mon_allow_pool_delete = 'true'
mon.mon1: {}
mon.mon2: mon_allow_pool_delete = 'true'
mon.mon2: {}
mon.mon3: mon_allow_pool_delete = 'true'
mon.mon3: {}

[root@installer ~]# ceph config show mon.mon2|grep allow
mon_allow_pool_delete           true

[root@installer ~]# ceph osd pool delete rbd rbd --yes-i-really-really-mean-it
```

```
pool 'rbd' removed
```

4）直接写文件到池。

```
[root@installer ~]# dd if=/dev/zero of=./testfile2 bs=5M count=8
8+0 records in
8+0 records out
41943040 bytes (42 MB) copied, 0.0303137 s, 1.4 GB/s
[root@installer ~]# rados -p rbd put testfile2 /root/testfile2
[root@installer ~]# rados -p rbd ls
rbd_data.380ffb8c8c9d.000000000000000d
rbd_header.380ffb8c8c9d
rbd_data.380ffb8c8c9d.0000000000000020
rbd_data.380ffb8c8c9d.0000000000000030
testfile2
```

8.2 RBD 设备的配置及使用

创建完池后，你可以在其中创建 RBD 设备。RBD 设备的大小可以指定。

1）在 RBD 池中创建 256MB 的 RBD 设备。

```
[root@installer ~]# rbd create rbd/image1 --size=256M
[root@installer ~]# rbd info rbd/image1
rbd image 'image1':
        size 256 MiB in 64 objects
        order 22 (4 MiB objects)
        snapshot_count: 0
        id: 380ffb8c8c9d
        block_name_prefix: rbd_data.380ffb8c8c9d
        format: 2
        features: layering, exclusive-lock, object-map, fast-diff, deep-flatten
        op_features:
        flags:
        create_timestamp: Sat Mar 20 23:49:55 2021
        access_timestamp: Sat Mar 20 23:49:55 2021
        modify_timestamp: Sat Mar 20 23:49:55 2021
```

2）映射 RBD 设备。

块设备创建完毕后保存在 Ceph 的池中。如果你要使用，需要在想要挂载的块设备的客户端执行映射操作。客户端也要安装必要的 Ceph 客户端组件 ceph-common。本例以 Installer 为客户端，客户端相关组件在安装 Ceph 集群时已经默认安装完毕，无须重复安装。如果在生产环境下指定的客户端上没有相关客户端组件，请使用图形界面或者命令行在客户端节点安装客户端组件，之后才能与 RBD 设备映射。

```
[root@installer ~]# rbd map rbd/image1
rbd: sysfs write failed
RBD image feature set mismatch. You can disable features unsupported by the
    kernel with "rbd feature disable image1 object-map fast-diff deep-flatten".
In some cases useful info is found in syslog - try "dmesg | tail".
rbd: map failed: (6) No such device or address
```

3）如果提示错误，查看 dmesg 输出，修改 RBD 特征。

```
[root@installer ~]# dmesg |tail
[42091.375093] libceph: client14381 fsid f99134e9-c5fb-4917-b7e5-372ab4d6a8f0
[42091.385092] rbd: image image1: image uses unsupported features: 0x38

[root@installer ~]# rbd feature disable image1 object-map fast-diff deep-flatten
```

4）查看映射后的块设备 /dev/rbd0。

```
[root@installer ~]# rbd map rbd/image1
/dev/rbd0
 [root@installer ~]# rbd showmapped
id pool namespace image  snap device
0  rbd            image1 -   /dev/rbd0
```

5）格式化并挂载文件系统。

```
[root@installer ~]# mkfs.xfs /dev/rbd0
Discarding blocks...Done.
meta-data=/dev/rbd0              isize=512    agcount=8, agsize=8192 blks
         =                       sectsz=512   attr=2, projid32bit=1
         =                       crc=1        finobt=0, sparse=0
data     =                       bsize=4096   blocks=65536, imaxpct=25
         =                       sunit=1024   swidth=1024 blks
naming   =version 2              bsize=4096   ascii-ci=0 ftype=1
log      =internal log           bsize=4096   blocks=624, version=2
         =                       sectsz=512   sunit=8 blks, lazy-count=1
realtime =none                   extsz=4096   blocks=0, rtextents=0

[root@installer ~]# mount /dev/rbd0 /mnt
[root@installer ~]# df -h
Filesystem              Size  Used Avail Use% Mounted on
/dev/rbd0               254M   14M  241M   6% /mnt
```

6）写文件测试。

```
[root@installer ~]# dd if=/dev/zero of=/mnt/testfile bs=5M count=6
6+0 records in
6+0 records out
31457280 bytes (31 MB) copied, 0.0156438 s, 2.0 GB/s
[root@installer ~]# df -h
Filesystem              Size  Used Avail Use% Mounted on
/dev/rbd0               254M   44M  211M  18% /mnt
[root@installer ~]# ls -l /mnt
```

```
total 30720
-rw-r--r--. 1 root root 31457280 Mar 20 23:55 testfile

[root@installer ~]# rbd du rbd/image1
warning: fast-diff map is not enabled for image1. operation may be slow.
NAME    PROVISIONED USED
image1     256 MiB 68 MiB

[root@installer ~]# ceph df
--- RAW STORAGE ---
CLASS    SIZE    AVAIL     USED    RAW USED   %RAW USED
hdd      90 GiB  89 GiB   678 MiB   678 MiB      0.74
TOTAL    90 GiB  89 GiB   678 MiB   678 MiB      0.74

--- POOLS ---
POOL                       ID  PGS  STORED  OBJECTS     USED  %USED MAX AVAIL
device_health_metrics       1   32     0 B        0      0 B      0   28 GiB
cephfs_data                 2   32     0 B        0      0 B      0   28 GiB
cephfs_metadata             3  128  9.2 KiB       22  112 KiB      0   28 GiB
.rgw.root                   4   32  1.3 KiB        4   48 KiB      0   28 GiB
default.rgw.log             5   32   23 KiB      335  1.9 MiB      0   28 GiB
default.rgw.control         6   32     0 B        8      0 B      0   28 GiB
default.rgw.meta            7  128  1.1 KiB        7   72 KiB      0   28 GiB
default.rgw.buckets.index   8   32   11 KiB       11   34 KiB      0   28 GiB
default.rgw.buckets.data    9   32   427 B        1   12 KiB      0   28 GiB
rbd                        11   24   73 MiB       22  219 MiB   0.25   28 GiB
```

8.3 RBD 快照

Ceph 为 RBD 设备提供了快照功能，以保证回放 RBD 状态。

1）创建名为 snap_1 的 RBD 快照。

```
[root@installer ~]# rbd snap create rbd/image1@snap_1
[root@installer ~]# rbd snap ls rbd/image1
SNAPID NAME   SIZE     PROTECTED TIMESTAMP
     4  snap_1 256 MiB   Mon Mar 22 16:23:47 2021
```

2）映射快照设备。

```
[root@installer ~]# rbd map rbd/image1@snap_1
/dev/rbd1
[root@installer ~]# rbd showmapped
id pool namespace image  snap    device
0  rbd            image1 -      /dev/rbd0
1  rbd            image1 snap_1 /dev/rbd1
```

3）设置快照是只读设备。

```
[root@installer ~]# blockdev --getro /dev/rbd0
0
[root@installer ~]# blockdev --getro /dev/rbd1
1
```

快照设备与原始设备使用相同的 UUID，如果需要同时挂载 /dev/rbd0 与 /dev/rbd1，
使用 nouuid 选项。

```
[root@installer ~]# mkdir /snap
[root@installer ~]# mount /dev/rbd1 /snap
mount: /dev/rbd1 is write-protected, mounting read-only
mount: wrong fs type, bad option, bad superblock on /dev/rbd1,
       missing codepage or helper program, or other error

       In some cases useful info is found in syslog - try
       dmesg | tail or so.
[root@installer ~]# dmesg |tail
[190507.270887] XFS (rbd1): Filesystem has duplicate UUID 22c53fb4-d5dd-
    42d3-9c07-90acb6784803 - can't mount
[root@installer ~]# mount -o nouuid /dev/rbd1 /snap
mount: /dev/rbd1 is write-protected, mounting read-only
[root@installer ~]# df -h
Filesystem                    Size  Used  Avail  Use% Mounted on
/dev/rbd0                     254M  54M   201M   21%  /mnt
/dev/rbd1                     254M  41M   214M   16%  /snap
```

或者在挂载 snap rbd1 之前先挂载 umount /dev/rbd0。

```
[root@installer ~]# umount /mnt
[root@installer ~]# ls /snap
testfile
[root@installer ~]# lsblk -f
NAME           FSTYPE    LABEL    UUID                         MOUNTPOINT
rbd0           xfs                22c53fb4-d5dd-42d3-9c07-90acb6784803
rbd1           xfs                22c53fb4-d5dd-42d3-9c07-90acb6784803
[root@installer ~]# mount -o noatime /dev/rbd1 /snap
mount: /dev/rbd1 is write-protected, mounting read-only
```

4）使用快照还原 RBD 内容。

① 删除 /dev/rbd0 设备中的文件。

```
[root@installer ~]# ls /mnt/
testfile2
[root@installer ~]# rm -f /mnt/testfile2
[root@installer ~]# umount /mnt
```

② 还原删除的文件。

```
[root@installer ~]# rbd snap rollback rbd/image1@snap_1
```

```
Rolling back to snapshot: 0% complete...failed.
rbd: rollback failed: (30) Read-only file system
```

③取消映射，否则会报错。

```
[root@installer ~]# rbd unmap rbd/image1
[root@installer ~]# rbd snap rollback rbd/image1@snap_1
Rolling back to snapshot: 100% complete...done.
[root@installer ~]# rbd map rbd/image1
/dev/rbd0
[root@installer ~]# mount /dev/rbd0  /mnt
[root@installer ~]# ls -l /mnt
total 40960
-rw-r--r--. 1 root root 41943040 Mar 22 17:34 testfile2
```

5）删除快照。

```
[root@installer ~]# rbd snap purge rbd/image1
Removing all snapshots: 100% complete...done.
```

8.4　RBD Image 克隆

RBD 设备还提供了克隆功能。下面提供了 RBD Image 克隆的参考方法。

```
[root@installer ~]# rbd clone rbd/image1@snap_1 rbd/clone_1
2021-03-22 19:11:50.975 7fef3dffb700 -1 librbd::image::CloneRequest:
    0x55b11a0b2260 validate_parent: parent snapshot must be protected
rbd: clone error: (22) Invalid argument
[root@installer ~]# rbd snap protect rbd/image1@snap_1
[root@installer ~]# rbd clone rbd/image1@snap_1 rbd/clone_1
[root@installer ~]# rbd map rbd/clone_1
/dev/rbd3
[root@installer ~]# rbd showmapped
id pool namespace image            snap    device
0  rbd            image1           -       /dev/rbd0
1  rbd            image1           snap_1  /dev/rbd1
3  rbd            clone_1          -       /dev/rbd3
[root@installer ~]# mount -o nouuid /dev/rbd3 /clone/
[root@installer ~]# ls /clone/
testfile2
[root@installer ~]# rbd unmap /dev/rbd3
[root@installer ~]# rbd rm rbd/clone_1
Removing image: 100% complete...done.
[root@installer ~]# rbd snap unprotect rbd/image1@snap_1
```

8.5　RBD Image 数据的导入 / 导出

RBD Image 数据的导入 / 导出常用于 RBD 块设备的简单备份与恢复，请参考如下命令实现 Image 数据的导入 / 导出。

```
[root@installer ~]# rbd export rbd/image1 rbd_image1.dat
[root@installer ~]# rbd import ./rbd_image1.dat rbd/image1
rbd: image creation failed2021-03-22 17:52:03.754 7f12d4670c80 -1 librbd:
    rbd image image1 already exists

Importing image: 0% complete...failed.
rbd: import failed: (17) File exists
[root@installer ~]# rbd import ./rbd_image1.dat rbd/image_recovery
Importing image: 100% complete...done.
[root@installer ~]# rbd ls
image1
image1_snap1_dat
image_recovery
[root@installer ~]# rbd map rbd/image_recovery
rbd: sysfs write failed
RBD image feature set mismatch. You can disable features unsupported by the
    kernel with "rbd feature disable image_recovery object-map fast-diff
    deep-flatten".
In some cases useful info is found in syslog - try "dmesg | tail".
rbd: map failed: (6) No such device or address
[root@installer ~]# rbd feature disable image_recovery object-map fast-diff
    deep-flatten
[root@installer ~]# rbd map rbd/image_recovery
/dev/rbd2
[root@installer ~]# mount /dev/rbd2 /mnt
[root@installer ~]# ls -l /mnt
total 40960
-rw-r--r--. 1 root root 41943040 Mar 22 17:34 testfile2
```

8.6　本章小结

本章主要介绍了如何在 Ceph 集群中使用块存储。通过本章内容，你可以了解到如何使用池以及 RBD 设备、RBD 快照、RBD Image 克隆等。在创建池的过程中，要指定放置组的数量，这需要你提前对集群做好规划，以免影响集群的性能。

本章对块设备操作的介绍中没有提到 RBD Mirror 功能，此功能可以实现 Ceph 的异地容灾。如果你要了解此部分内容，请阅读 11.2 节。下一章将介绍 Ceph 文件存储使用方法。

使用 Ceph 文件存储

在 Ceph 集群中，使用文件存储必须有元数据服务器，用它来管理文件索引等信息。因此，本章主要介绍如何部署和使用元数据服务器。

在生产环境下，为了提高文件存储的访问性能，建议部署多个元数据服务器，并且元数据服务器节点尽量不要和其他角色的节点复用。以下操作由于服务器数量限制采用了复用的部署方式。

9.1 部署 MDS

MDS 节点主要提供 ceph-mds 守护进程，用来管理 CephFS 中存储的文件的元数据等信息。本节主要以图形界面的方式介绍 MDS 部署，具体步骤如下。

1）重新启动 Cockpit Ceph Installer，添加 MDS 节点，如图 9-1 所示。

2）配置之后，执行安装。

3）安装完成后，通过 Dashboard 可以看到已经有 1 个 MDS 处于 active 状态，如图 9-2 所示。

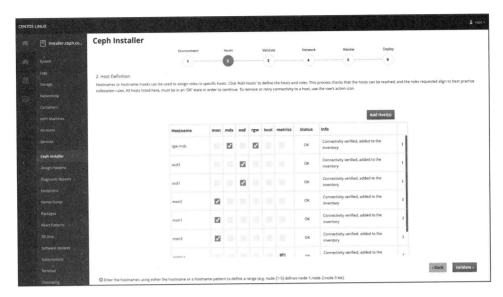

图 9-1　host(s) 配置界面

图 9-2　集群管理界面

4）使用 Ceph 客户端命令查看当前已经部署好的 MDS。

```
[root@installer ~]# ceph -s
  cluster:
```

```
    id:       f99134e9-c5fb-4917-b7e5-372ab4d6a8f0
    health: HEALTH_OK

  services:
    mon: 3 daemons, quorum mon1,mon2,mon3 (age 3h)
    mgr: mon2(active, since 2d), standbys: mon1, mon3
    mds: cephfs:1 {0=rgw-mds=up:active}
    osd: 6 osds: 6 up (since 2d), 6 in (since 2d)
    rgw: 1 daemon active (rgw-mds.rgw0)

  data:
    pools:   7 pools, 416 pgs
    objects: 339 objects, 28 KiB
    usage:   228 MiB used, 90 GiB / 90 GiB avail
    pgs:     416 active+clean
```

5）登录 MDS 节点，查看已下载的镜像以及启动的容器。

```
[root@rgw-mds ~]# docker images
REPOSITORY                       TAG             IMAGE ID       CREATED       SIZE
docker.io/ceph/daemon            latest-master   14af70de1efb   2 weeks ago   1.14 GB
docker.io/prom/node-exporter     v0.17.0         b3e7f67a1480   2 years ago   21 MB

[root@rgw-mds ~]# docker ps
CONTAINER ID     IMAGE
daf8393b6f0d     docker.io/prom/node-exporter:v0.17.0
e690f7d59657     docker.io/ceph/daemon:latest-master
21ea58a9d47c     docker.io/ceph/daemon:latest-master
COMMAND                    CREATED            STATUS     PORTS NAMES
"/bin/node_exporte..."     About a minute ago Up         node-exporter
"/opt/ceph-contain..."     About a minute ago Up         ceph-rgw-rgw-mds-rgw0
"/opt/ceph-contain..."     2 minutes ago      Up         ceph-mds-rgw-mds
```

9.2　使用 CephFS

通过部署的 MON 节点的 6789 端口访问 CephFS。你需要在 Ceph 集群中创建两个池，cephfs_data、cephfs_metadata，分别用于存储数据和元数据。

1）查看 CephFS 的两个池。

```
[root@installer ~]# ceph df
--- RAW STORAGE ---
CLASS     SIZE    AVAIL    USED   RAW USED   %RAW USED
hdd       90 GiB  89 GiB   1.4 GiB 1.4 GiB   1.59
TOTAL     90 GiB  89 GiB   1.4 GiB 1.4 GiB   1.59

--- POOLS ---
POOL                     ID  PGS  STORED  OBJECTS  USED  %USED  MAX AVAIL
device_health_metrics    1   32   0 B     0        0 B   0      28 GiB
```

```
cephfs_data               2    32      0 B       0     0 B      0    28 GiB
cephfs_metadata           3   128  9.2 KiB      22  112 KiB      0    28 GiB

[root@installer ~]# ceph fs status cephfs
cephfs - 0 clients
======
RANK   STATE     MDS         ACTIVITY        DNS     INOS    DIRS    CAPS
 0    active   rgw-mds   Reqs:  0 /s          10      13      12       0
         POOL      TYPE         USED     AVAIL
     cephfs_metadata  metadata   112k     27.8G
     cephfs_data      data          0     27.8G
```

2）在客户端创建 ceph-secret 文件并挂载到 CephFS。

```
[root@installer ~]# ceph auth get-key client.admin >ceph_secret
[root@installer ~]# mount -t ceph 192.168.122.161:6789:/ /mnt -o name=
    admin,secretfile=/root/ceph_secret
[root@installer ~]# df -h
Filesystem                    Size  Used Avail Use% Mounted on
192.168.122.161:6789:/         28G     0   28G    0% /mnt
```

3）写入数据测试。

```
[root@installer ~]# mkdir /mnt/test_dir
[root@installer ~]# ls -La /mnt/
.  ..  test_dir
[root@installer ~]# ls -la /mnt/
total 0
drwxr-xr-x   1 root root    1 Mar 22 22:02 .
dr-xr-xr-x. 20 root root  261 Mar 22 19:12 ..
drwxr-xr-x   1 root root    0 Mar 22 22:02 test_dir
[root@installer ~]# dd if=/dev/zero of=/mnt/test_dir/testfile bs=1M count=10
10+0 records in
10+0 records out
10485760 bytes (10 MB) copied, 0.0327782 s, 320 MB/s
[root@installer ~]# ls -la /mnt/test_dir/
total 10240
drwxr-xr-x 1 root root        1 Mar 22 22:03 .
drwxr-xr-x 1 root root        1 Mar 22 22:02 ..
-rw-r--r-- 1 root root 10485760 Mar 22 22:03 testfile
```

9.3　CephFS 扩展属性

文件布局可控制文件内容映射到各 Ceph RADOS 对象。你可以通过扩展属性
（xattrs）来读写文件布局。我们可使用 ceph.file.layout 进行文件布局，使用 ceph.dir.
layout 进行目录布局。下面提供了操作 CephFS 扩展属性的示例。

1）查看文件扩展属性。

```
[root@installer ~]# getfattr -n ceph.file.layout /mnt/test_dir/testfile
getfattr: Removing leading '/' from absolute path names
# file: mnt/test_dir/testfile
ceph.file.layout="stripe_unit=4194304 stripe_count=1 object_size=4194304
    pool=cephfs_data"
```

2）默认文件夹没有设置扩展属性。

```
[root@installer ~]# getfattr -n ceph.dir.layout /mnt/test_dir
/mnt/test_dir: ceph.dir.layout: No such attribute
```

3）配置文件夹扩展属性。

```
[root@installer ~]# setfattr -n ceph.dir.layout.stripe_count -v 2 /mnt/test_dir/
[root@installer ~]# getfattr -n ceph.dir.layout /mnt/test_dir
getfattr: Removing leading '/' from absolute path names
# file: mnt/test_dir
ceph.dir.layout="stripe_unit=4194304 stripe_count=2 object_size=4194304
    pool=cephfs_data"
```

4）文件夹配置的新属性只对新创建的文件有效。

```
[root@installer ~]# getfattr -n ceph.file.layout /mnt/test_dir/testfile
getfattr: Removing leading '/' from absolute path names
# file: mnt/test_dir/testfile
ceph.file.layout="stripe_unit=4194304 stripe_count=1 object_size=4194304
    pool=cephfs_data"
```

5）新创建的文件使用目录配置的新属性。

```
[root@installer ~]# touch /mnt/test_dir/new_file
[root@installer ~]# getfattr -n ceph.file.layout /mnt/test_dir/new_file
getfattr: Removing leading '/' from absolute path names
# file: mnt/test_dir/new_file
ceph.file.layout="stripe_unit=4194304 stripe_count=2 object_size=4194304
    pool=cephfs_data"
```

6）修改新文件属性。

```
[root@installer ~]# setfattr -n ceph.file.layout.stripe_count -v 3 /mnt/
    test_dir/new_file
[root@installer ~]# getfattr -n ceph.file.layout /mnt/test_dir/new_file
getfattr: Removing leading '/' from absolute path names
# file: mnt/test_dir/new_file
ceph.file.layout="stripe_unit=4194304 stripe_count=3 object_size=4194304
    pool=cephfs_data"
```

7）内容不为空的文件无法修改扩展属性。

```
[root@installer ~]# echo "test begin" >/mnt/test_dir/new_file
[root@installer ~]# setfattr -n ceph.file.layout.stripe_count -v 4 /mnt/
    test_dir/new_file
setfattr: /mnt/test_dir/new_file: Directory not empty
```

8）清除文件夹属性。

```
[root@installer ~]# setfattr -x ceph.dir.layout /mnt/test_dir/
```

9.4　本章小结

本章主要介绍了如何在 Ceph 集群中使用文件存储以及常见的操作命令。通过本章内容，你可以快速了解文件存储的使用方法。文件存储是大家最熟悉的存储形式。Ceph 提供的文件存储是分布式文件存储，也就是说在所有客户端节点操作 Ceph 文件存储的数据是实时同步的。请部署多个文件存储的 MDS，以免元数据损坏、数据丢失。

至此，我们已经将 Ceph 提供的 3 种主要存储使用方法介绍完了。相信你的 Ceph 集群必要组件已经准备就绪，可以投入使用。接下来就是如何使用和管理 Ceph 集群，这部分内容在 Ceph 官方有命名集手册可供参考。下一章主要介绍 Ceph 集群中常见的运维操作。

管理 Ceph 集群

配置完 Ceph 集群后，我们即可对 Ceph 集群进行数据存储。在后续使用过程中，Ceph 提供了常用的命令对 Ceph 集群进行必要的运维。常见的集群状态查看、磁盘使用率查看、添加磁盘、删除坏盘等操作在本章会作为重点对象介绍。

其他未列入本章的命令，读者可访问 Ceph 官方网站（https://docs.ceph.com/en/latest/）获取。

10.1　Ceph 的常用命令

本节给出的 Ceph 常用命令可以作为最基本的集群运维命令。

1）查看集群状态命令。

```
[root@installer ~]# ceph -s
  cluster:
    id:     f99134e9-c5fb-4917-b7e5-372ab4d6a8f0
    health: HEALTH_WARN
            1 pool(s) do not have an application enabled
            1 pool(s) have non-power-of-two pg_num
            too many PGs per OSD (252 > max 250)

  services:
```

```
    mon: 3 daemons, quorum mon1,mon2,mon3 (age 2d)
    mgr: mon2(active, since 2d), standbys: mon3, mon1
    mds: cephfs:1 {0=rgw-mds=up:active}
    osd: 6 osds: 6 up (since 2d), 6 in (since 11d)
    rgw: 1 daemon active (rgw-mds.rgw0)

  data:
    pools:   10 pools, 504 pgs
    objects: 443 objects, 106 MiB
    usage:   1.5 GiB used, 88 GiB / 90 GiB avail
    pgs:     504 active+clean


[root@installer ~]# ceph health
HEALTH_WARN 1 pool(s) do not have an application enabled; 1 pool(s) have
    non-power-of-two pg_num; too many PGs per OSD (252 > max 250)


[root@installer ~]# ceph health detail
HEALTH_WARN 1 pool(s) do not have an application enabled; 1 pool(s) have
    non-power-of-two pg_num; too many PGs per OSD (252 > max 250)
[WRN] POOL_APP_NOT_ENABLED: 1 pool(s) do not have an application enabled
    application not enabled on pool 'rbd'
    use 'ceph osd pool application enable <pool-name> <app-name>', where
    <app-name> is 'cephfs', 'rbd', 'rgw', or freeform for custom applications.
[WRN] POOL_PG_NUM_NOT_POWER_OF_TWO: 1 pool(s) have non-power-of-two pg_num
    pool 'rbd' pg_num 24 is not a power of two
[WRN] TOO_MANY_PGS: too many PGs per OSD (252 > max 250)
```

2）修复 health 命令提示的 RBD 问题。

```
[root@installer ~]# ceph osd pool application enable rbd rbd
enabled application 'rbd' on pool 'rbd'

[root@installer ~]# ceph osd dump |grep rbd
pool 11 'rbd' replicated size 3 min_size 2 crush_rule 0 object_hash
    rjenkins pg_num 21 pgp_num 20 pg_num_target 16 pgp_num_target 16 pg_
    num_pending 20 autoscale_mode on last_change 576 lfor 0/576/576 flags
    hashpspool,nodelete,selfmanaged_snaps stripe_width 0 application rbd


[root@installer ~]# ceph health detail
HEALTH_WARN 1 pools have too few placement groups
POOL_TOO_FEW_PGS 1 pools have too few placement groups
    Pool cephfs_data has 8 placement groups, should have 32
```

3）修复 health 命令提示的放置组不足问题。

```
[root@installer ~]# ceph osd pool set  cephfs_data  pg_num 32
set pool 1 pg_num to 32
[root@installer ~]# ceph osd pool get  cephfs_data  pg_num
pg_num: 32
[root@installer ~]# ceph health detail
```

```
HEALTH_WARN 1 pools have too few placement groups
POOL_TOO_FEW_PGS 1 pools have too few placement groups
Pool cephfs_data has 8 placement groups, should have 32

[root@installer ~]# ceph osd pool scrub cephfs_data
[root@installer ~]# ceph health detail
HEALTH_OK
```

4）查看 PG 状态。

```
[root@installer ~]# ceph pg stat
544 pgs: 544 active+clean; 216 MiB data, 2.7 GiB used, 87 GiB / 90 GiB avail

[root@installer ~]# ceph pg ls
PG        OBJECTS   DEGRADED   MISPLACED   UNFOUND   BYTES      OMAP_BYTES*
1.0       0         0          0           0         0          0
1.1       0         0          0           0         0          0
OMAP_KEYS*   LOG   STATE          SINCE   VERSION      REPORTED      UP
0            0     active+clean   3h      0'0          685:721       [3,2,4]p3
0            0     active+clean   3h      0'0          685:65        [5,1,0]p5
ACTING         SCRUB_STAMP                                DEEP_SCRUB_STAMP
[3,2,4]p3      2021-03-22T22:34:39.727853+0800            2021-03-20T12:15:37.162110+0800
[5,1,0]p5      2021-03-22T21:28:34.059464+0800            2021-03-20T12:15:52.391857+0800
```

5）查看 MON 节点状态。

```
[root@installer ~]# ceph mon dump
dumped monmap epoch 1
epoch 1
fsid f99134e9-c5fb-4917-b7e5-372ab4d6a8f0
last_changed 2021-03-09T16:39:48.998849+0800
created 2021-03-09T16:39:48.998849+0800
min_mon_release 17 (quincy)
election_strategy: 1
0: [v2:192.168.122.161:3300/0,v1:192.168.122.161:6789/0] mon.mon1
1: [v2:192.168.122.162:3300/0,v1:192.168.122.162:6789/0] mon.mon2
2: [v2:192.168.122.163:3300/0,v1:192.168.122.163:6789/0] mon.mon3
```

6）查看 OSD 通用命令。

```
[root@installer ~]# ceph osd tree
ID   CLASS   WEIGHT    TYPE NAME        STATUS   REWEIGHT   PRI-AFF
-1           0.08784   root default
-5           0.02928       host osd1
 0   hdd     0.01949           osd.0    up       1.00000    1.00000
 3   hdd     0.00980           osd.3    up       1.00000    1.00000
-7           0.02928       host osd2
 2   hdd     0.01949           osd.2    up       1.00000    1.00000
 5   hdd     0.00980           osd.5    up       1.00000    1.00000
-3           0.02928       host osd3
 1   hdd     0.01949           osd.1    up       1.00000    1.00000
 4   hdd     0.00980           osd.4    up       1.00000    1.00000
```

7）查看 OSD 容量。

```
[root@installer ~]# ceph osd df
ID      CLASS    WEIGHT     REWEIGHT    SIZE      RAW USE    DATA
0       hdd      0.01949    1.00000     20 GiB    335 MiB    89 MiB
3       hdd      0.00980    1.00000     10 GiB    187 MiB    27 MiB
2       hdd      0.01949    1.00000     20 GiB    346 MiB    93 MiB
5       hdd      0.00980    1.00000     10 GiB    175 MiB    24 MiB
1       hdd      0.01949    1.00000     20 GiB    355 MiB    99 MiB
4       hdd      0.00980    1.00000     10 GiB    170 MiB    18 MiB
OMAP    META     AVAIL      %USE        VAR       PGS        STATUS
11 KiB  246 MiB  20 GiB     1.64        0.96      330        up
5 KiB   160 MiB  9.8 GiB    1.83        1.07      166        up
12 KiB  253 MiB  20 GiB     1.69        0.99      322        up
4 KiB   152 MiB  9.8 GiB    1.71        1.01      174        up
7 KiB   256 MiB  20 GiB     1.74        1.02      328        up
9 KiB   152 MiB  9.8 GiB    1.66        0.98      168        up
 TOTAL  90 GiB   1.5 GiB    350 MiB   50 KiB  1.2 GiB    88 GiB   1.70
MIN/MAX VAR: 0.96/1.07   STDDEV: 0.06
```

8）查看 OSD 池。

```
[root@installer ~]# ceph osd lspools
1 device_health_metrics
2 cephfs_data
3 cephfs_metadata
4 .rgw.root
5 default.rgw.log
6 default.rgw.control
7 default.rgw.meta
8 default.rgw.buckets.index
9 default.rgw.buckets.data
11 rbd
```

9）写入文件测试。

```
[root@installer ~]# ceph df
--- RAW STORAGE ---
CLASS    SIZE      AVAIL     USED       RAW USED   %RAW USED
hdd      90 GiB    88 GiB    1.5 GiB    1.5 GiB       1.70
TOTAL    90 GiB    88 GiB    1.5 GiB    1.5 GiB       1.70

--- POOLS ---
POOL     ID   PGS    STORED    OBJECTS    USED       %USED     MAX AVAIL
rbd      11   16     92 MiB        50     276 MiB    0.32        28 GiB

[root@installer ~]# dd if=/dev/zero of=./testfile bs=1M count=10
10+0 records in
10+0 records out
10485760 bytes (10 MB) copied, 0.00372667 s, 2.8 GB/s
[root@installer ~]# for i in $(seq 0 10); do rados -p rbd put file.$i ./
    testfile; done
```

```
[root@installer ~]# ceph df
--- RAW STORAGE ---
CLASS   SIZE    AVAIL    USED    RAW USED    %RAW USED
hdd     90 GiB  88 GiB   2.3 GiB  2.3 GiB     2.52
TOTAL   90 GiB  88 GiB   2.3 GiB  2.3 GiB     2.52
--- POOLS ---
POOL    ID  PGS  STORED   OBJECTS  USED      %USED  MAX AVAIL
rbd     11  16   202 MiB       61  606 MiB   0.71     27 GiB
```

10）查看池属性。

```
[root@installer ~]# ceph osd dump |grep rbd
pool 11 'rbd' replicated size 3 min_size 2 crush_rule 0 object_hash
    rjenkins pg_num 24 pgp_num 24 autoscale_mode on last_change 560 flags
    hashpspool,nodelete,selfmanaged_snaps stripe_width 0 application rbd

[root@installer ~]# ceph osd pool stats rbd
pool rbd id 11
  nothing is going on

[root@installer ~]# ceph osd pool get rbd pg_num
pg_num: 24
[root@installer ~]# ceph osd pool get rbd size
size: 3
[root@installer ~]# ceph osd pool get rbd min_size
min_size: 2
```

11）设置池删除保护属性。

```
[root@installer ~]# ceph osd pool get rbd nodelete
nodelete: false
[root@installer ~]# ceph osd pool set rbd nodelete 1
set pool 11 nodelete to 1
[root@installer ~]# ceph osd pool delete rbd rbd --yes-i-really-really-mean-it
Error EPERM: pool deletion is disabled; you must unset nodelete flag for the pool first
```

12）设置 OSD。

```
[root@installer ~]# ceph osd tree
ID  CLASS  WEIGHT   TYPE NAME      STATUS  REWEIGHT  PRI-AFF
-1         0.08784  root default
-5         0.02928      host osd1
 0  hdd    0.01949          osd.0      up   1.00000   1.00000
 3  hdd    0.00980          osd.3      up   1.00000   1.00000
-7         0.02928      host osd2
 2  hdd    0.01949          osd.2      up   1.00000   1.00000
 5  hdd    0.00980          osd.5      up   1.00000   1.00000
-3         0.02928      host osd3
 1  hdd    0.01949          osd.1      up   1.00000   1.00000
 4  hdd    0.00980          osd.4      up   1.00000   1.00000
```

13）查看映射过程，testfile 文件最后映射到 osd.1。

```
[root@installer ~]# ceph osd map rbd testfile
osdmap e595 pool 'rbd' (11) object 'testfile' -> pg 11.551a2b36 (11.6) ->
    up ([1,3,2], p1) acting ([1,3,2], p1)
```

14）修改 osd.1 的特性值。

```
[root@installer ~]# ceph osd primary-affinity 1 0.3
set osd.1 primary-affinity to 0.3 (8196602)
 [root@installer ~]# ceph osd tree
ID  CLASS    WEIGHT         TYPE NAME     STATUS   REWEIGHT       PRI-AFF
-1           0.08784    root default
-5           0.02928        host osd1
 0   hdd     0.01949            osd.0       up     1.00000        1.00000
 3   hdd     0.00980            osd.3       up     1.00000        1.00000
-7           0.02928        host osd2
 2   hdd     0.01949            osd.2       up     1.00000        1.00000
 5   hdd     0.00980            osd.5       up     1.00000        1.00000
-3           0.02928        host osd3
 1   hdd     0.01949            osd.1       up     1.00000        0.29999
 4   hdd     0.00980            osd.4       up     1.00000        1.00000
```

15）重新查看 testfile 文件的映射过程，最后映射到 osd.3。

```
[root@installer ~]# ceph osd map rbd testfile
osdmap e597 pool 'rbd' (11) object 'testfile' -> pg 11.551a2b36 (11.6) ->
    up ([3,1,2], p3) acting ([3,1,2], p3)
```

16）还原初始设置。

```
[root@installer ~]# ceph osd primary-affinity 1 1
set osd.1 primary-affinity to 1 (8655362)
[root@installer ~]# ceph osd map rbd testfile
osdmap e599 pool 'rbd' (11) object 'testfile' -> pg 11.551a2b36 (11.6) ->
up ([1,3,2], p1) acting ([1,3,2], p1)
```

10.2　配置 CRUSH Map

Ceph 可以调整集群的映射图，以实现对节点的磁盘存储资源的合理管控，例如实现合理的磁盘分组和故障域划分，以避免磁盘或者节点损坏带来的风险。本节介绍配置集群的映射图，步骤如下。

1）导出当前 CRUSH Map。

```
[root@installer ~]# mkdir crush
```

```
[root@installer ~]# cd crush/
[root@installer crush]# ceph osd getcrushmap -o ./crushmap_orig.bin
5
[root@installer crush]# ls -lh
total 4.0K
-rw-r--r--. 1 root root 944 Mar 23 11:21 crushmap_orig.bin
```

2）将 CRUSH Map 的导出结果转成 txt 文件。

```
[root@installer crush]# yum install ceph-base
[root@installer crush]# crushtool -d ./crushmap_orig.bin -o crushmap_orig.txt
[root@installer crush]# echo $?
0
```

3）查看当前具体设置。

```
[root@installer crush]# cat crushmap_orig.txt
# begin crush map
tunable choose_local_tries 0
tunable choose_local_fallback_tries 0
tunable choose_total_tries 50
tunable chooseleaf_descend_once 1
tunable chooseleaf_vary_r 1
tunable chooseleaf_stable 1
tunable straw_calc_version 1
tunable allowed_bucket_algs 54

# devices
device 0 osd.0 class hdd
device 1 osd.1 class hdd
device 2 osd.2 class hdd
device 3 osd.3 class hdd
device 4 osd.4 class hdd
device 5 osd.5 class hdd

# types
type 0 osd
type 1 host
type 2 chassis
type 3 rack
type 4 row
type 5 pdu
type 6 pod
type 7 room
type 8 datacenter
type 9 zone
type 10 region
type 11 root

# buckets
host osd3 {
        id -3
```

```
                id -4 class hdd
                # weight 0.029
                alg straw2
                hash 0  # rjenkins1
                item osd.1 weight 0.019
                item osd.4 weight 0.010
}
host osd1 {
                id -5
                id -6 class hdd
                # weight 0.029
                alg straw2
                hash 0  # rjenkins1
                item osd.0 weight 0.019
                item osd.3 weight 0.010
}
host osd2 {
                id -7
                id -8 class hdd
                # weight 0.029
                alg straw2
                hash 0  # rjenkins1
                item osd.2 weight 0.019
                item osd.5 weight 0.010
}
root default {
                id -1
                id -2 class hdd
                # weight 0.088
                alg straw2
                hash 0  # rjenkins1
                item osd3 weight 0.029
                item osd1 weight 0.029
                item osd2 weight 0.029
}

# rules
rule replicated_rule {
                id 0
                type replicated
                min_size 1
                max_size 10
                step take default
                step chooseleaf firstn 0 type host
                step emit
}

# end crush map
```

4）以命令方式获取集群 osd tree。

```
[root@installer crush]# ceph osd tree
ID CLASS   WEIGHT      TYPE NAME      STATUS    REWEIGHT    PRI-AFF
```

```
-1          0.08784    root default
-5          0.02928        host osd1
 0    hdd   0.01949            osd.0         up    1.00000    1.00000
 3    hdd   0.00980            osd.3         up    1.00000    1.00000
-7          0.02928        host osd2
 2    hdd   0.01949            osd.2         up    1.00000    1.00000
 5    hdd   0.00980            osd.5         up    1.00000    1.00000
-3          0.02928        host osd3
 1    hdd   0.01949            osd.1         up    1.00000    1.00000
 4    hdd   0.00980            osd.4         up    1.00000    1.00000
```

5）备份当前设置。

```
[root@installer crush]# cp crushmap_orig.txt crushmap_new.txt
```

6）修改 CRUSH Map 设置，添加 SSD 规则，将 osd2.ceph.com 使用 SSD 规则删除 default 中的 osd2，添加 SSD。

```
root default {
        id -1                  # do not change unnecessarily
        id -2 class hdd        # do not change unnecessarily
        # weight 0.088
        alg straw2
        hash 0  # rjenkins1
        item osd3 weight 0.029
        item osd1 weight 0.029
        item osd2 weight 0.029
}

root ssd {
        id -9
        # weight 0.061
        alg straw2
        hash 0 # rjenkins1
        item osd2 weight 0.061
}
```

7）添加新规则。

```
rule ssd-first {
        ruleset 1
        type replicated
        min_size 1
        max_size 10
        step take ssd
        step chooseleaf firstn 1 type host
        step emit
        step take default
        step chooseleaf firstn -1 type host
        step emit
}
```

```
rule replicated_rule {
```

8）测试新的 CRUSH Map。

```
[root@installer crush]# crushtool -c ./crushmap_new.txt -o crushmap_new.bin
[root@installer crush]# crushtool --test -i ./crushmap_new.bin --num-rep 3
    --rule 1 --show-mappings
...
CRUSH rule 1 x 1014 [2,3,1]
CRUSH rule 1 x 1015 [2,4,3]
CRUSH rule 1 x 1016 [5,0,4]
CRUSH rule 1 x 1017 [5,1,0]
CRUSH rule 1 x 1018 [5,1,0]
CRUSH rule 1 x 1019 [2,1,3]
CRUSH rule 1 x 1020 [5,0,1]
CRUSH rule 1 x 1021 [5,1,0]
CRUSH rule 1 x 1022 [5,0,1]
CRUSH rule 1 x 1023 [2,1,0]
```

规定优先使用 osd2 host 上的 osd.2 与 osd.5。

9）应用新的 CRUSH Map。

```
[root@installer crush]# ceph osd setcrushmap -i ./crushmap_new.bin
6
```

10）等待变更。

```
[root@installer crush]# ceph -s
  cluster:
    id:     f99134e9-c5fb-4917-b7e5-372ab4d6a8f0
    health: HEALTH_OK

  services:
    mon: 3 daemons, quorum mon1,mon2,mon3 (age 2d)
    mgr: mon2(active, since 2d), standbys: mon3, mon1
    mds: cephfs:1 {0=rgw-mds=up:active}
    osd: 6 osds: 6 up (since 2d), 6 in (since 12d); 496 remapped pgs
    rgw: 1 daemon active (rgw-mds.rgw0)

  data:
    pools:   10 pools, 496 pgs
    objects: 457 objects, 216 MiB
    usage:   2.4 GiB used, 88 GiB / 90 GiB avail
    pgs:     0.202% pgs not active
             551/1371 objects misplaced (40.190%)
             484 active+clean+remapped
             9   active+remapped+backfill_wait
             2   active+remapped+backfilling
             1   remapped+peering
```

```
io:
    client:   7.0 KiB/s rd, 1.4 KiB/s wr, 7 op/s rd, 4 op/s wr
recovery: 651 KiB/s, 0 keys/s, 7 objects/s
```

11）查看新的集群映射图。

```
[root@installer crush]# ceph osd tree
ID  CLASS    WEIGHT       TYPE NAME       STATUS    REWEIGHT     PRI-AFF
-9           0.06099        root ssd
-7           0.06099        host osd2
 2   hdd     0.01900          osd.2         up      1.00000      1.00000
 5   hdd     0.00999          osd.5         up      1.00000      1.00000
-1           0.05798      root default
-5           0.02899        host osd1
 0   hdd     0.01900          osd.0         up      1.00000      1.00000
 3   hdd     0.00999          osd.3         up      1.00000      1.00000
-3           0.02899        host osd3
 1   hdd     0.01900          osd.1         up      1.00000      1.00000
 4   hdd     0.00999          osd.4         up      1.00000      1.00000
```

12）查看 RBD 池的 CRUSH Rule。

```
[root@installer crush]# ceph osd pool get rbd crush_rule
crush_rule: replicated_rule
[root@installer crush]# ceph osd map rbd testfile
osdmap e614 pool 'rbd' (11) object 'testfile' -> pg 11.551a2b36 (11.6) -> up
([1,3], p1) acting ([1,3,2], p1)
```

13）修改 RBD 池并使用新的 CRUSH Rule，文件映射到主机 osd2 上的 osd.2 或者 osd.5。

```
[root@installer crush]# ceph osd pool set rbd crush_rule ssd-first
set pool 11 crush_rule to ssd-first
[root@installer crush]# ceph osd pool get rbd crush_rule
crush_rule: ssd-first
[root@installer crush]# ceph osd map rbd testfile
osdmap e625 pool 'rbd' (11) object 'testfile' -> pg 11.551a2b36 (11.36) ->
    up ([2,1,3], p2) acting ([2,1,3], p2)
```

14）还原缺省设置。

```
[root@installer crush]# ceph osd pool set rbd crush_rule replicated_rule
set pool 11 crush_rule to replicated_rule
[root@installer crush]# ceph osd setcrushmap -i ./crushmap_orig.bin
```

10.3　添加磁盘

在 Ceph 集群中添加磁盘是最基本的功能，也是最常见的操作，通常在扩容或者坏

盘更换的时候都可能会执行此类操作。本节将使用 ansible 命令更新集群，向指定节点
添加磁盘，具体操作步骤如下。

1）在 osd3 机器上添加 vdd 磁盘。

```
[root@osd3 ~]# lsblk
NAME                    MAJ:MIN   RM  SIZE RO TYPE MOUNTPOINT
vdb                     252:16     0   20G  0  disk
└─ceph--27bce4f0--af57--4310--baae--d890216fb33e-osd--block--b0e16697--7950
    --4df9--9398--a927fd3fd013
                        253:2      0   20G  0  lvm
vdc                     252:32     0   10G  0  disk
└─ceph--05f0ba85--1951--4ce0--b9c1--de7f09abf3dc-osd--block--e5411155--8ffc
    --452c--9158--b2caec5aa969
                        253:3      0   10G  0  lvm
vdd
```

2）在 installer 机器上进入 ansible-runner-service 容器。

```
[root@installer ~]# docker exec -it 9dba /bin/sh
sh-4.2# cd /usr/share/ceph-ansible/
添加代理设置，以更快下载的容器镜像
sh-4.2# cat group_vars/all.yml
---
ceph_origin: repository
ceph_repository: community
ceph_stable_release: nautilus
ceph_version_num: 14
cluster_network: 192.168.122.0/24
configure_firewall: false
containerized_deployment: true
dashboard_admin_password: kdq1qaz@WSX
dashboard_enabled: true
docker_pull_timeout: 600s
grafana_admin_password: kdq1qaz@WSX
ip_version: ipv4
Monitor_address_block: 192.168.122.0/24
public_network: 192.168.122.0/24
radosgw_address_block: 192.168.122.0/24
ceph_docker_http_proxy: "http://192.168.122.1:1080"
ceph_docker_https_proxy: "http://192.168.122.1:1080"
ceph_docker_no_proxy: "localhost,127.0.0.1"
```

3）修改 osd3 配置文件，添加 vdd 磁盘。

```
sh-4.2# cat host_vars/osd3
---
devices:
- /dev/vdb
- /dev/vdc
```

```
- /dev/vdd
```

4）运行 ansible-playbook，更新 osd3 节点。

```
sh-4.2# /usr/local/bin/ansible-playbook --private-key /usr/share/ansible-
    runner-service/env/ssh_key -i /usr/share/ansible-runner-service/
    inventory site-container.yml --limit osd3
```

5）等待 ansible-playbook 执行完毕，登录 osd3 节点查看 vdd 磁盘状态。

```
[root@osd3 ~]# lsblk
NAME                   MAJ:MIN RM   SIZE RO TYPE MOUNTPOINT
sr0                     11:0    1   4.4G  0  rom
vda                    252:0    0    30G  0  disk
├─vda1                 252:1    0   500M  0  part /boot
└─vda2                 252:2    0  29.5G  0  part
  ├─rhel-lv_root       253:0    0  28.5G  0  lvm  /
  └─rhel-lv_swap       253:1    0     1G  0  lvm  [SWAP]
vdb                    252:16   0    20G  0  disk
└─ceph--fc18db00--d14f--41ef--a882--0dc285e8bf8a-osd--block--b346a552--ce21
    --433d--959c--71bd46c0ef98            253:2    0    20G  0  lvm
vdc                    252:32   0    10G  0  disk
└─ceph--2bceb33d--0b64--4a91--94f5--2d773c179969-osd--block--9757a95c--0a86
    --406e--a631--c428457e759c            253:3    0    10G  0  lvm
vdd                    252:48   0    10G  0  disk
└─ceph--e2439633--40a3--4d50--a141--0ec327a2cd60-osd--block--3d605506--d46b
--454c--b79f--257981626a46             253:4    0    10G  0  lvm

[root@osd3 ~]# docker ps
CONTAINER ID   IMAGE
338c5f9b3a4b   docker.io/ceph/daemon:latest-nautilus
45a06eee5c86   docker.io/ceph/daemon:latest-nautilus
890f5833b5dc   prom/node-exporter:v0.17.0
c4d234b03307   docker.io/ceph/daemon:latest-nautilus
4c951abc9db5   docker.io/ceph/daemon:latest-nautilus
COMMAND               CREATED         STATUS            PORTS          NAMES
"/opt/ceph-contain..." 50 seconds ago  Up 49 seconds    ceph-osd-6
"/usr/bin/ceph-crash"  2 minutes ago   Up 2 minutes     ceph-crash-osd3
"/bin/node_exporte..." 2 hours ago     Up 2 hours       node-exporter
"/opt/ceph-contain..." 2 hours ago     Up 2 hours       ceph-osd-4
"/opt/ceph-contain..." 2 hours ago     Up 2 hours       ceph-osd-1
```

6）查看集群状态图。

```
[root@installer ~]# ceph osd tree
ID CLASS   WEIGHT   TYPE NAME       STATUS  REWEIGHT  PRI-AFF
-1          0.09764 root default
-5          0.02928    host osd1
 0  hdd     0.01949        osd.0       up    1.00000   1.00000
 3  hdd     0.00980        osd.3       up    1.00000   1.00000
-7          0.02928    host osd2
 2  hdd     0.01949        osd.2       up    1.00000   1.00000
```

```
5    hdd   0.00980         osd.5      up    1.00000    1.00000
-3         0.03908     host osd3
1    hdd   0.01949         osd.1      up    1.00000    1.00000
4    hdd   0.00980         osd.4      up    1.00000    1.00000
6    hdd   0.00980         osd.6      up    1.00000    1.00000
```

10.4　删除磁盘

Ceph 集群中出现坏盘故障十分常见。如果磁盘寿命到期或者意外损坏，底层没有做 RAID，我们必须将此盘从集群中删除，然后添加新的磁盘。本节介绍在 ansible-runner-service 容器中删除对应的 OSD 的方法。

1）在 installer 机器上进入 ansible-runner-service 容器。

```
[root@installer ~]# docker exec -it 9dba /bin/sh
sh-4.2# cd /usr/share/ceph-ansible/
```

2）执行命令删除 osd1 节点上 osd.3 进程对应的磁盘。

```
sh-4.2# /usr/local/bin/ansible-playbook --private-key /usr/share/ansible-
runner-service/env/ssh_key -i /usr/share/ansible-runner-service/inventory
infrastructure-playbooks/shrink-osd.yml -e osd_to_kill=3
PLAY [gather facts and check the init system] ****************************

TASK [Gathering Facts] **************************************************
Wednesday 24 March 2021  10:51:12 +0000 (0:00:00.137)   0:00:00.137 *******
ok: [osd1]
ok: [osd2]
ok: [osd3]

TASK [debug] ************************************************************
Wednesday 24 March 2021  10:51:13 +0000 (0:00:01.073)   0:00:01.211 *******
ok: [mon1] =>
  msg: gather facts on all Ceph hosts for following reference
ok: [mon2] =>
  msg: gather facts on all Ceph hosts for following reference
ok: [mon3] =>
  msg: gather facts on all Ceph hosts for following reference
ok: [osd1] =>
  msg: gather facts on all Ceph hosts for following reference
ok: [osd2] =>
  msg: gather facts on all Ceph hosts for following reference
ok: [osd3] =>
  msg: gather facts on all Ceph hosts for following reference
Are you sure you want to shrink the cluster? [no]: yes
...
TASK [show ceph osd tree] **********************************************
```

```
Wednesday 24 March 2021  11:19:55 +0000 (0:00:00.603)   0:00:17.544 *******
ok: [mon1]

PLAY RECAP **********************************************************
mon1 : ok=19 changed=3 unreachable=0 failed=0 skipped=11 rescued=0 ignored=0
mon2 : ok=1  changed=0 unreachable=0 failed=0 skipped=0  rescued=0 ignored=0
mon3 : ok=1  changed=0 unreachable=0 failed=0 skipped=0  rescued=0 ignored=0
osd1 : ok=1  changed=0 unreachable=0 failed=0 skipped=0  rescued=0 ignored=0
osd2 : ok=1  changed=0 unreachable=0 failed=0 skipped=0  rescued=0 ignored=0
osd3 : ok=1  changed=0 unreachable=0 failed=0 skipped=0  rescued=0 ignored=0
```

3）在 mon1 节点上安装 ceph-common 客户端工具。

```
[root@mon1 ~]# yum -y install centos-release-ceph-nautilus.noarch
[root@mon1 ~]# yum update ceph-common
```

4）在 osd1 节点上安装 ceph-osd 工具，查看删除后的磁盘状态。

```
[root@osd1 ~]# yum install centos-release-ceph-nautilus
[root@osd1 ~]# yum install ceph-osd
[root@osd1 ~]# lsblk
NAME            MAJ:MIN RM   SIZE  RO   TYPE  MOUNTPOINT
sr0             11:0    1    4.4G  0    rom
vda             252:0   0    30G   0    disk
├─vda1          252:1   0    500M  0    part  /boot
└─vda2          252:2   0    29.5G 0    part
  ├─rhel-lv_root        253:0   0    28.5G 0    lvm   /
  └─rhel-lv_swap        253:1   0    1G    0    lvm   [SWAP]
vdb                     252:16  0    20G   0    disk
└─ceph--d76f1977--776b--49ff--b684--72f54e83b290-osd--block--9af73fee--465d
  --4e08--8635--b309c9d39f38 253:2 0    20G   0    lvm
vdc                     252:32  0    10G   0    disk

[root@installer ~]# ceph osd tree
ID CLASS  WEIGHT    TYPE NAME     STATUS  REWEIGHT  PRI-AFF
-1         0.08784  root default
-5         0.01949    host osd1
 0  hdd    0.01949      osd.0      up     1.00000   1.00000
-7         0.02928    host osd2
 2  hdd    0.01949      osd.2      up     1.00000   1.00000
 5  hdd    0.00980      osd.5      up     1.00000   1.00000
-3         0.03908    host osd3
 1  hdd    0.01949      osd.1      up     1.00000   1.00000
 4  hdd    0.00980      osd.4      up     1.00000   1.00000
 6  hdd    0.00980      osd.6      up     1.00000   1.00000
```

10.5　本章小结

本章主要介绍了 Ceph 集群中常用的管理命令，以及对集群执行的必要运维操作，比如常见的删除坏盘并添加新的磁盘等操作。通过本章内容，你可以熟悉 Ceph 的基本管理操作，并依据需求调整 CRUSH 算法，添加或删除 OSD。

在 Ceph 的使用中，你还要考虑的一个重要因素——容灾，以保证数据的可靠性。Ceph 自身提供了相关功能。下一章将介绍如何配置 Ceph，以实现双集群的容灾备份。

Chapter 11 | 第 11 章

Ceph 容灾

　　容灾即灾难恢复、容灾备份或灾备，是数据中心业务连续性和可靠性中非常重要的考量指标。如果在生产系统上线后还没有做好容灾方案，那么一旦数据中心出现区域性故障，轻则业务中断，重则数据丢失。而容灾更多是指 IT 系统在遭受自然灾害、人为操作失误等情况下对业务数据的恢复能力。

　　Ceph 集群建设完毕后，单集群模式可以通过副本或者纠删码方式实现数据的高可用性，保证数据盘在部分损坏（可容许损坏数量范围内）的情况下，仍然能够持续提供服务，不会导致数据丢失。但是在单集群整体故障的情况下，实现数据可靠就需要提出完整的容灾方案。

　　前面章节已经介绍过，Ceph 的使用接口主要包括三种：对象存储接口、块存储接口、文件存储接口。除了这三种传统接口外，Ceph 还提供了在这三种接口上封装的其他服务，比如 iSCSI、NFS、Samba 等。对于不同接口保存的数据，你都需要对其设计相应的容灾方案，保证在数据中心单 Ceph 集群出现故障后，相应存储接口保存的数据在远端容灾集群中有副本。典型的 Ceph 容灾方案要求有两个 Ceph 集群：一个集群提供业务，另一个集群提供备份。

11.1 对象存储容灾

对象存储是 Ceph 中最重要的存储形态，如果你在生产环境下使用了 Ceph 对象存储，那么在容灾场景下需要有方案实现对象的容灾复制，保证远端包含相同的对象副本。本节会介绍对象存储的容灾复制方案，指导你在生产环境下实现两个 Ceph 集群配置，实现对象的容灾复制。配置完成后的容灾对象复制将由 Ceph 自身实现。

11.1.1 对象存储容灾概述

Ceph 对象存储容灾是通过 Ceph 多站点方式实现的。RGW 多数据站点旨在实现异地双活，提供容灾备份的能力。

主站点在对外提供服务时，用户数据在主站点落盘后即向用户回应写成功应答，然后实时记录数据变化的相关日志信息。备站点实时比较主备份数据差异，并及时将差异数据拉回备节点。异步复制技术适用于远距离的容灾方案，对系统性能影响较小。因此，Ceph 的对象多站点容灾技术是一种异步容灾方案。

11.1.2 Ceph 对象网关多站点介绍

要了解多站点设置，首先需要了解一些多站点的关键组件：Realm、Zone、Zonegroup 和 Period。每个逻辑组件的关系如图 11-1 所示。

❑ Realm：代表由一个或多个 Zonegroup 组成的唯一的全局命名空间。每个 Zonegroup 包含一个或多个 Zone，每个 Zone 包含存储对象数据的桶。Realm 还包含 Period，每个 Period 展示某一时间段内 Zonegroup 和 Zone 配置的状态。

❑ Period：每个 Period 展示唯一的 ID 和 Epoch。每次提交操作都会增加 Period 中的 Epoch。每个 Realm 都有一个关联的当前 Period，其中包含 Zonegroup 和存储策略的当前配置状态。每次更改 Zonegroup 或 Zone 时操作 Period 并提交。每个 Cluster Map 都保留其版本的历史记录。这些版本中的每一个版本都称为一个 Epoch。

❑ Zone：由一个或多个 Ceph 对象网关实例组成的逻辑组。Zone 的配置不同于典型的 Ceph 配置，因为并非所有设置最终都存储在 Ceph 配置文件中。Zonegroup 中必须指定一个 Zone 为主 Zone。主 Zone 将处理所有桶和用户请求。从 Zone 可以接收桶和用户请求，但会将它们重定向到主 Zone。如果主 Zone 崩溃，桶和用户请求处理失败。我们可以将从 Zone 升级为主 Zone。但是，升级从 Zone 为主 Zone 是一项复杂的操作，建议仅在主 Zone 长时间崩溃时执行。

❑ Zonegroup：由多个 Zone 组成，应该有一个主 Zonegroup 来处理对系统配置的更改。

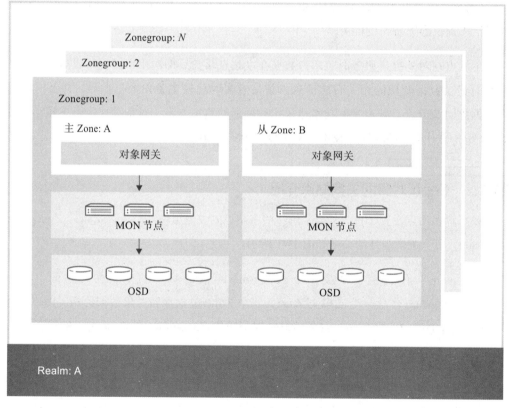

图 11-1　Ceph 多站点构成关系示意图

11.1.3　配置多站点对象网关实现容灾

在配置多站点对象网关之前，假定你已经安装了两个集群，并且每个集群都正常工作。同时，每个集群都有独立的对象网关。如图 11-2 所示，主站点集群有 3 个节点，server a、server b、server c，灾备集群有 3 个节点，server 1、server 2、server 3。每个节点都安装了对象网关。接下来按照图 11-2 配置多站点对象网关，实现 Ceph 对象存储容灾方案。

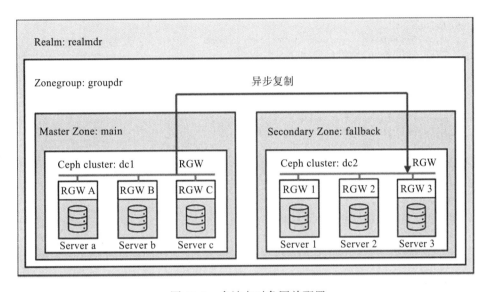

图 11-2 多站点对象网关配置

1）检查集群运行状态。

① 检查集群 dc1 的运行状态。

```
[root@0bastion ~]# ceph -s --cluster dc1
  cluster:
    id:     e4ddfba3-c51c-40da-b57f-9d16ba1ac1f2
    health: HEALTH_OK

  services:
    mon: 3 daemons, quorum cepha,cephb,cephc
    mgr: cephb(active), standbys: cepha, cephc
    osd: 6 osds: 6 up, 6 in
    rgw: 3 daemons active

  data:
    pools:   4 pools, 32 pgs
    objects: 206 objects, 2.76KiB
    usage:   6.05GiB used, 53.9GiB / 60.0GiB avail
    pgs:     32 active+clean
```

② 检查集群 dc2 的运行状态。

```
[root@0bastion ~]# ceph -s --cluster dc2
  cluster:
    id:      e4ddfba3-c51c-40da-b57f-9d16ba1ac1f2
    health: HEALTH_WARN
            3 osds down

  services:
    mon: 3 daemons, quorum ceph1,ceph2,ceph3
    mgr: ceph3(active), standbys: ceph1
    osd: 6 osds: 3 up, 6 in
    rgw: 3 daemons active

  data:
    pools:   4 pools, 32 pgs
    objects: 207 objects, 3.08KiB
    usage:   6.03GiB used, 54.0GiB / 60.0GiB avail
    pgs:     32 active+clean
```

2）在集群 dc1 上创建名为 realmdr 的 Realm。

```
[root@0bastion ~]#  radosgw-admin realm create --rgw-realm=realmdr --default
    --cluster dc1
{
    "id": "f928689d-c15c-4f7e-a862-987e73c67a8a",
    "name": "realmdr",
    "current_period": "dac086e0-b290-4c7e-b943-c9ed118c133c",
    "epoch": 1
}
```

3）删除集群 dc1 上的 default Zonegroup。

```
[root@0bastion ~]#  radosgw-admin zonegroup delete --rgw-zonegroup=default
    --cluster dc1
```

4）在集群 dc1 上创建名为 groupdr 的 Zonegroup。

```
[root@0bastion ~]#  radosgw-admin zonegroup create --rgw-zonegroup=groupdr
    --endpoints=http://cepha:8080,http://cephb:8080,http://cephc:8080
    --master --default  --cluster dc1
{
    "id": "3236ae57-130a-40ee-bc47-1e3d50ba34b2",
    "name": "groupdr",
    "api_name": "groupdr",
    "is_master": "true",
    "endpoints": [
        "http://cepha:8080",
        "http://cephb:8080",
        "http://cephc:8080"
    ],
```

```
    "hostnames": [],
    "hostnames_s3website": [],
    "master_zone": "",
    "zones": [],
    "placement_targets": [],
    "default_placement": "",
    "realm_id": "f928689d-c15c-4f7e-a862-987e73c67a8a"
}
```

5）在集群 dc1 上创建名为 main 的主 Zone。

```
[root@0bastion ~]# radosgw-admin --cluster dc1 zone create --rgw-
zonegroup=groupdr --rgw-zone=main --endpoints==http://cepha:8080,
http://cephb:8080,http://cephc:8080 --master --default
{
    "id": "7790fbbd-36a2-4c3b-8fb4-f472cd776fda",
    "name": "main",
    "domain_root": "main.rgw.meta:root",
    "control_pool": "main.rgw.control",
    "gc_pool": "main.rgw.log:gc",
    "lc_pool": "main.rgw.log:lc",
    "log_pool": "main.rgw.log",
    "intent_log_pool": "main.rgw.log:intent",
    "usage_log_pool": "main.rgw.log:usage",
    "reshard_pool": "main.rgw.log:reshard",
    "user_keys_pool": "main.rgw.meta:users.keys",
    "user_email_pool": "main.rgw.meta:users.email",
    "user_swift_pool": "main.rgw.meta:users.swift",
    "user_uid_pool": "main.rgw.meta:users.uid",
    "system_key": {
        "access_key": "",
        "secret_key": ""
    },
    "placement_pools": [
        {
            "key": "default-placement",
            "val": {
                "index_pool": "main.rgw.buckets.index",
                "data_pool": "main.rgw.buckets.data",
                "data_extra_pool": "main.rgw.buckets.non-ec",
                "index_type": 0,
                "compression": ""
            }
        }
    ],
    "metadata_heap": "",
    "tier_config": [],
    "realm_id": "f928689d-c15c-4f7e-a862-987e73c67a8a"
}
```

6）在集群 dc1 上检查创建结果。

```
[root@0bastion ~]# radosgw-admin --cluster dc1 realm list
{
    "default_info": "f928689d-c15c-4f7e-a862-987e73c67a8a",
    "realms": [
        "realmdr"
    ]
}

[root@0bastion ~]# radosgw-admin --cluster dc1 zonegroup list
{
    "default_info": "3236ae57-130a-40ee-bc47-1e3d50ba34b2",
    "zonegroups": [
        "groupdr"
    ]
}

[root@0bastion ~]# radosgw-admin --cluster dc1 zone list
{
    "default_info": "7790fbbd-36a2-4c3b-8fb4-f472cd776fda",
    "zones": [
        "main",
        "default"
    ]
}
[root@0bastion ~]# radosgw-admin --cluster dc1 zonegroup  get groupdr| grep
   -A 3 endpoints
    "endpoints": [
        "http://cepha:8080",
        "http://cephb:8080",
        "http://cephc:8080"
--
            "endpoints": [
                "http://cepha:8080",
                "http://cephb:8080",
                "http://cephc:8080"
```

7）在集群 dc1 上创建同步用户 syncuser。

```
[root@0bastion ~]# radosgw-admin --cluster dc1 user create --uid=syncuser
   --display-name="Synchronization User" --access-key=synckey
   --secret=synckey --system
{
    "user_id": "syncuser",
    "display_name": "Synchronization User",
    "email": "",
    "suspended": 0,
    "max_buckets": 1000,
    "auid": 0,
    "subusers": [],
    "keys": [
        {
            "user": "syncuser",
            "access_key": "synckey",
```

```
            "secret_key": "synckey"
        }
    ],
    "swift_keys": [],
    "caps": [],
    "op_mask": "read, write, delete",
    "system": "true",
    "default_placement": "",
    "placement_tags": [],
    "bucket_quota": {
        "enabled": false,
        "check_on_raw": false,
        "max_size": -1,
        "max_size_kb": 0,
        "max_objects": -1
    },
    "user_quota": {
        "enabled": false,
        "check_on_raw": false,
        "max_size": -1,
        "max_size_kb": 0,
        "max_objects": -1
    },
    "temp_url_keys": [],
    "type": "rgw"
}
```

8）在集群 dc1 上将同步用户 syncuser 分配给主 Zone。

```
[root@0bastion ~]# radosgw-admin --cluster dc1 zone modify --rgw-zone=main
    --access-key=synckey --secret=synckey                    {
    "id": "7790fbbd-36a2-4c3b-8fb4-f472cd776fda",
    "name": "main",
    "domain_root": "main.rgw.meta:root",
    "control_pool": "main.rgw.control",
    "gc_pool": "main.rgw.log:gc",
    "lc_pool": "main.rgw.log:lc",
    "log_pool": "main.rgw.log",
    "intent_log_pool": "main.rgw.log:intent",
    "usage_log_pool": "main.rgw.log:usage",
    "reshard_pool": "main.rgw.log:reshard",
    "user_keys_pool": "main.rgw.meta:users.keys",
    "user_email_pool": "main.rgw.meta:users.email",
    "user_swift_pool": "main.rgw.meta:users.swift",
    "user_uid_pool": "main.rgw.meta:users.uid",
    "system_key": {
        "access_key": "synckey",
        "secret_key": "synckey"
    },
    "placement_pools": [
        {
            "key": "default-placement",
            "val": {
```

```
                        "index_pool": "main.rgw.buckets.index",
                        "data_pool": "main.rgw.buckets.data",
                        "data_extra_pool": "main.rgw.buckets.non-ec",
                        "index_type": 0,
                        "compression": ""
                    }
                }
            ],
        "metadata_heap": "",
        "tier_config": [],
        "realm_id": "f928689d-c15c-4f7e-a862-987e73c67a8a"
}
```

9）保存 Zonegroup 和存储配置策略的当前状态，并提交到 Period。

```
[root@0bastion ~]# radosgw-admin --cluster dc1 period update --commit
{
    "id": "1ada6d63-4d0a-4ac4-b39b-71f65565d8fd",
    "epoch": 1,
    "predecessor_uuid": "dac086e0-b290-4c7e-b943-c9ed118c133c",
    "sync_status": [],
    "period_map": {
        "id": "1ada6d63-4d0a-4ac4-b39b-71f65565d8fd",
        "zonegroups": [
            {
                "id": "3236ae57-130a-40ee-bc47-1e3d50ba34b2",
                "name": "groupdr",
                "api_name": "groupdr",
                "is_master": "true",
                "endpoints": [
                    "http://cepha:8080",
                    "http://cephb:8080",
                    "http://cephc:8080"
                ],
                "hostnames": [],
                "hostnames_s3website": [],
                "master_zone": "7790fbbd-36a2-4c3b-8fb4-f472cd776fda",
                "zones": [
                    {
                        "id": "7790fbbd-36a2-4c3b-8fb4-f472cd776fda",
                        "name": "main",
                        "endpoints": [
                            "http://cepha:8080",
                            "http://cephb:8080",
                            "http://cephc:8080"
                        ],
                        "log_meta": "false",
                        "log_data": "false",
                        "bucket_index_max_shards": 0,
                        "read_only": "false",
                        "tier_type": "",
                        "sync_from_all": "true",
                        "sync_from": []
```

```
                    }
                ],
                "placement_targets": [
                    {
                        "name": "default-placement",
                        "tags": []
                    }
                ],
                "default_placement": "default-placement",
                "realm_id": "f928689d-c15c-4f7e-a862-987e73c67a8a"
            }
        ],
        "short_zone_ids": [
            {
                "key": "7790fbbd-36a2-4c3b-8fb4-f472cd776fda",
                "val": 3731757859
            }
        ]
    },
    "master_zonegroup": "3236ae57-130a-40ee-bc47-1e3d50ba34b2",
    "master_zone": "7790fbbd-36a2-4c3b-8fb4-f472cd776fda",
    "period_config": {
        "bucket_quota": {
            "enabled": false,
            "check_on_raw": false,
            "max_size": -1,
            "max_size_kb": 0,
            "max_objects": -1
        },
        "user_quota": {
            "enabled": false,
            "check_on_raw": false,
            "max_size": -1,
            "max_size_kb": 0,
            "max_objects": -1
        }
    },
    "realm_id": "f928689d-c15c-4f7e-a862-987e73c67a8a",
    "realm_name": "realmdr",
    "realm_epoch": 2
}
```

10）在集群 dc1 上修改 cepha、cephb、cephc 三个节点的配置文件。

注意：三个节点都要修改，并添加如下加粗内容。

```
[root@cepha ~]# vim /etc/ceph/ceph.conf
...output omitted...
[client.rgw.cepha]
debug_civetweb = 0/1
host = cepha
keyring = /var/lib/ceph/radosgw/ceph-rgw.cepha/keyring
```

```
log file = /var/log/ceph/ceph-rgw-cepha.log
rgw frontends = civetweb port=10.0.0.11:8080 num_threads=1024
rgw_enable_apis = s3,admin
rgw_thread_pool_size = 1024
rgw_zone = main
rgw_dynamic_resharding = false

[client.rgw.cephb]
debug_civetweb = 0/1
host = cephb
keyring = /var/lib/ceph/radosgw/ceph-rgw.cephb/keyring
log file = /var/log/ceph/ceph-rgw-cephb.log
rgw frontends = civetweb port=10.0.0.12:8080 num_threads=1024
rgw_enable_apis = s3,admin
rgw_thread_pool_size = 1024
rgw_zone = main
rgw_dynamic_resharding = false

[client.rgw.cephc]
debug_civetweb = 0/1
host = cephc
keyring = /var/lib/ceph/radosgw/ceph-rgw.cephc/keyring
log file = /var/log/ceph/ceph-rgw-cephc.log
rgw frontends = civetweb port=10.0.0.13:8080 num_threads=1024
rgw_enable_apis = s3,admin
rgw_thread_pool_size = 1024
rgw_zone = main
rgw_dynamic_resharding = false
```

11）重启集群 dc1 上的 3 个对象网关：cepha、cephb、cephc。

```
[root@bastion ceph-ansible]# cd ~/dc1/ceph-ansible/
[root@0bastion ceph-ansible]# for i in a b c; do ansible -b -i inventory
    -m shell -a "systemctl restart ceph-radosgw@rgw.ceph${i}.service"
    ceph${i}; done
cepha | SUCCESS | rc=0 >>
cephb | SUCCESS | rc=0 >>
cephc | SUCCESS | rc=0 >>
```

12）在集群 dc1 上获取对象网关的运行状态。

```
[root@0bastion ceph-ansible]# ceph --cluster dc1 -s | grep -i rgw
    rgw: 3 daemons active
```

13）在集群 dc2 上拉取集群 dc1 中创建的 Realm。

```
[root@0bastion ceph-ansible]# radosgw-admin --cluster dc2 realm pull
    --url=http://cepha:8080 --access-key=synckey --secret=synckey --rgw-
    realm=realmdr
2021-03-15 09:13:55.270445 7f3c8ff25e00  1 error read_lastest_epoch .rgw.
    root:periods.1ada6d63-4d0a-4ac4-b39b-71f65565d8fd.latest_epoch
2021-03-15 09:13:55.329264 7f3c8ff25e00  1 Set the period's master zonegroup
```

```
    3236ae57-130a-40ee-bc47-1e3d50ba34b2 as the default
{
    "id": "f928689d-c15c-4f7e-a862-987e73c67a8a",
    "name": "realmdr",
    "current_period": "1ada6d63-4d0a-4ac4-b39b-71f65565d8fd",
    "epoch": 2
}
```

14）在集群 dc2 上设置拉取的 Realm 为默认 Realm。

```
[root@0bastion ceph-ansible]# radosgw-admin --cluster dc2 realm default
    --rgw-realm=realmdr
```

15）在集群 dc2 上执行命令，实现从集群 dc1 上拉取 Period 信息。

```
[root@0bastion ceph-ansible]# radosgw-admin --cluster dc2 period pull
    --url=http://cepha:8080 --access-key=synckey --secret=synckey
2021-03-15 09:19:03.131932 7f93a95e9e00  1 found existing latest_epoch 1 >=
    given epoch 1, returning r=-17
{
    "id": "1ada6d63-4d0a-4ac4-b39b-71f65565d8fd",
    "epoch": 1,
    "predecessor_uuid": "dac086e0-b290-4c7e-b943-c9ed118c133c",
    "sync_status": [],
    "period_map": {
        "id": "1ada6d63-4d0a-4ac4-b39b-71f65565d8fd",
        "zonegroups": [
            {
                "id": "3236ae57-130a-40ee-bc47-1e3d50ba34b2",
                "name": "groupdr",
                "api_name": "groupdr",
                "is_master": "true",
                "endpoints": [
                    "http://cepha:8080",
                    "http://cephb:8080",
                    "http://cephc:8080"
                ],
                "hostnames": [],
                "hostnames_s3website": [],
                "master_zone": "7790fbbd-36a2-4c3b-8fb4-f472cd776fda",
                "zones": [
                    {
                        "id": "7790fbbd-36a2-4c3b-8fb4-f472cd776fda",
                        "name": "main",
                        "endpoints": [
                            "http://cepha:8080",
                            "http://cephb:8080",
                            "http://cephc:8080"
                        ],
                        "log_meta": "false",
                        "log_data": "false",
                        "bucket_index_max_shards": 0,
```

```
                    "read_only": "false",
                    "tier_type": "",
                    "sync_from_all": "true",
                    "sync_from": []
                }
            ],
            "placement_targets": [
                {
                    "name": "default-placement",
                    "tags": []
                }
            ],
            "default_placement": "default-placement",
            "realm_id": "f928689d-c15c-4f7e-a862-987e73c67a8a"
        }
    ],
    "short_zone_ids": [
        {
            "key": "7790fbbd-36a2-4c3b-8fb4-f472cd776fda",
            "val": 3731757859
        }
    ]
},
"master_zonegroup": "3236ae57-130a-40ee-bc47-1e3d50ba34b2",
"master_zone": "7790fbbd-36a2-4c3b-8fb4-f472cd776fda",
"period_config": {
    "bucket_quota": {
        "enabled": false,
        "check_on_raw": false,
        "max_size": -1,
        "max_size_kb": 0,
        "max_objects": -1
    },
    "user_quota": {
        "enabled": false,
        "check_on_raw": false,
        "max_size": -1,
        "max_size_kb": 0,
        "max_objects": -1
    }
},
"realm_id": "f928689d-c15c-4f7e-a862-987e73c67a8a",
"realm_name": "realmdr",
"realm_epoch": 2
}
```

16）在集群 dc2 上创建名为 fallback 的从 Zone。

```
[root@0bastion ceph-ansible]# radosgw-admin --cluster dc2 zone create --rgw-
    zonegroup=groupdr --rgw-zone=fallback --endpoints=http://ceph1:8080,
    http://ceph2:8080,http://ceph3:8080 --access-key=synckey --secret=synckey
2021-03-15 09:24:10.424588 7f828b790e00  0 failed reading obj info from.
    rgw.root:zone_info.7790fbbd-36a2-4c3b-8fb4-f472cd776fda: (2) No such
```

```
    file or directory
2021-03-15 09:24:10.424727 7f828b790e00  0 WARNING: could not read zone
    params for zone id=7790fbbd-36a2-4c3b-8fb4-f472cd776fda name=main
{
    "id": "b6531f6d-4236-40c3-9054-4beac97e76aa",
    "name": "fallback",
    "domain_root": "fallback.rgw.meta:root",
    "control_pool": "fallback.rgw.control",
    "gc_pool": "fallback.rgw.log:gc",
    "lc_pool": "fallback.rgw.log:lc",
    "log_pool": "fallback.rgw.log",
    "intent_log_pool": "fallback.rgw.log:intent",
    "usage_log_pool": "fallback.rgw.log:usage",
    "reshard_pool": "fallback.rgw.log:reshard",
    "user_keys_pool": "fallback.rgw.meta:users.keys",
    "user_email_pool": "fallback.rgw.meta:users.email",
    "user_swift_pool": "fallback.rgw.meta:users.swift",
    "user_uid_pool": "fallback.rgw.meta:users.uid",
    "system_key": {
        "access_key": "synckey",
        "secret_key": "synckey"
    },
    "placement_pools": [
        {
            "key": "default-placement",
            "val": {
                "index_pool": "fallback.rgw.buckets.index",
                "data_pool": "fallback.rgw.buckets.data",
                "data_extra_pool": "fallback.rgw.buckets.non-ec",
                "index_type": 0,
                "compression": ""
            }
        }
    ],
    "metadata_heap": "",
    "tier_config": [],
    "realm_id": "f928689d-c15c-4f7e-a862-987e73c67a8a"
}
```

17）在集群 dc2 上提交 Period 信息。一旦 Period 信息提交成功，主 Zone 中的 dc1
就知道它有从 Zone 信息要同步。

```
[root@0bastion ceph-ansible]# radosgw-admin --cluster dc2 period update --commit
2021-03-15 09:27:31.639020 7fb096385e00  1 Cannot find zone id=b6531f6d-
    4236-40c3-9054-4beac97e76aa (name=fallback), switching to local
    zonegroup configuration
Sending period to new master zone 7790fbbd-36a2-4c3b-8fb4-f472cd776fda
{
    "id": "1ada6d63-4d0a-4ac4-b39b-71f65565d8fd",
    "epoch": 2,
    "predecessor_uuid": "dac086e0-b290-4c7e-b943-c9ed118c133c",
    "sync_status": [],
```

```
"period_map": {
    "id": "1ada6d63-4d0a-4ac4-b39b-71f65565d8fd",
    "zonegroups": [
        {
            "id": "3236ae57-130a-40ee-bc47-1e3d50ba34b2",
            "name": "groupdr",
            "api_name": "groupdr",
            "is_master": "true",
            "endpoints": [
                "http://cepha:8080",
                "http://cephb:8080",
                "http://cephc:8080"
            ],
            "hostnames": [],
            "hostnames_s3website": [],
            "master_zone": "7790fbbd-36a2-4c3b-8fb4-f472cd776fda",
            "zones": [
                {
                    "id": "7790fbbd-36a2-4c3b-8fb4-f472cd776fda",
                    "name": "main",
                    "endpoints": [
                        "http://cepha:8080",
                        "http://cephb:8080",
                        "http://cephc:8080"
                    ],
                    "log_meta": "false",
                    "log_data": "true",
                    "bucket_index_max_shards": 0,
                    "read_only": "false",
                    "tier_type": "",
                    "sync_from_all": "true",
                    "sync_from": []
                },
                {
                    "id": "b6531f6d-4236-40c3-9054-4beac97e76aa",
                    "name": "fallback",
                    "endpoints": [
                        "http://ceph1:8080",
                        "http://ceph2:8080",
                        "http://ceph3:8080"
                    ],
                    "log_meta": "false",
                    "log_data": "true",
                    "bucket_index_max_shards": 0,
                    "read_only": "false",
                    "tier_type": "",
                    "sync_from_all": "true",
                    "sync_from": []
                }
            ],
            "placement_targets": [
                {
                    "name": "default-placement",
```

```
                                "tags": []
                            }
                        ],
                        "default_placement": "default-placement",
                        "realm_id": "f928689d-c15c-4f7e-a862-987e73c67a8a"
                    }
                ],
                "short_zone_ids": [
                    {
                        "key": "7790fbbd-36a2-4c3b-8fb4-f472cd776fda",
                        "val": 3731757859
                    },
                    {
                        "key": "b6531f6d-4236-40c3-9054-4beac97e76aa",
                        "val": 2712233240
                    }
                ]
            },
            "master_zonegroup": "3236ae57-130a-40ee-bc47-1e3d50ba34b2",
            "master_zone": "7790fbbd-36a2-4c3b-8fb4-f472cd776fda",
            "period_config": {
                "bucket_quota": {
                    "enabled": false,
                    "check_on_raw": false,
                    "max_size": -1,
                    "max_size_kb": 0,
                    "max_objects": -1
                },
                "user_quota": {
                    "enabled": false,
                    "check_on_raw": false,
                    "max_size": -1,
                    "max_size_kb": 0,
                    "max_objects": -1
                }
            },
            "realm_id": "f928689d-c15c-4f7e-a862-987e73c67a8a",
            "realm_name": "realmdr",
            "realm_epoch": 2
}
```

18）在集群 dc2 上修改 ceph1、ceph2、ceph3 节点的配置文件。

注意：这三个节点都要修改，并添加如下加粗内容。

```
[root@ceph1 ~]# vim /etc/ceph/ceph.conf
...output omitted...
[client.rgw.ceph1]
debug_civetweb = 0/1
host = ceph1
keyring = /var/lib/ceph/radosgw/ceph-rgw.ceph1/keyring
log file = /var/log/ceph/ceph-rgw-ceph1.log
```

```
rgw frontends = civetweb port=172.16.0.11:8080 num_threads=1024
rgw_enable_apis = s3,admin
rgw_thread_pool_size = 1024
rgw_zone = fallback
rgw_dynamic_resharding = false

[client.rgw.ceph2]
debug_civetweb = 0/1
host = ceph2
keyring = /var/lib/ceph/radosgw/ceph-rgw.ceph2/keyring
log file = /var/log/ceph/ceph-rgw-ceph2.log
rgw frontends = civetweb port=172.16.0.12:8080 num_threads=1024
rgw_enable_apis = s3,admin
rgw_thread_pool_size = 1024
rgw_zone = fallback
rgw_dynamic_resharding = false

[client.rgw.ceph3]
debug_civetweb = 0/1
host = ceph3
keyring = /var/lib/ceph/radosgw/ceph-rgw.ceph3/keyring
log file = /var/log/ceph/ceph-rgw-ceph3.log
rgw frontends = civetweb port=172.16.0.13:8080 num_threads=1024
rgw_enable_apis = s3,admin
rgw_thread_pool_size = 1024
rgw_zone = fallback
rgw_dynamic_resharding = false
```

19）在集群 dc2 上重启 3 个对象网关。

```
[root@0bastion ceph-ansible]# cd ~/dc2/ceph-ansible/
[root@0bastion ceph-ansible]# for i in 1 2 3 ; do ansible -b -i inventory
    -m shell -a "systemctl restart ceph-radosgw@rgw.ceph${i}.service"
    ceph${i}; done
ceph1 | SUCCESS | rc=0 >>
ceph2 | SUCCESS | rc=0 >>
ceph3 | SUCCESS | rc=0 >>
```

20）检查同步状态。

```
[root@0bastion ceph-ansible]# radosgw-admin  --cluster dc1 sync status
          realm f928689d-c15c-4f7e-a862-987e73c67a8a (realmdr)
      zonegroup 3236ae57-130a-40ee-bc47-1e3d50ba34b2 (groupdr)
           zone 7790fbbd-36a2-4c3b-8fb4-f472cd776fda (main)
  metadata sync no sync (zone is master)
      data sync source: b6531f6d-4236-40c3-9054-4beac97e76aa (fallback)
                        syncing
                        full sync: 0/128 shards
                        incremental sync: 128/128 shards
                        data is caught up with source
[root@0bastion ceph-ansible]# radosgw-admin  --cluster dc2 sync status
          realm f928689d-c15c-4f7e-a862-987e73c67a8a (realmdr)
```

```
        zonegroup 3236ae57-130a-40ee-bc47-1e3d50ba34b2 (groupdr)
             zone b6531f6d-4236-40c3-9054-4beac97e76aa (fallback)
metadata sync syncing
               full sync: 0/64 shards
               incremental sync: 64/64 shards
               metadata is caught up with master
      data sync source: 7790fbbd-36a2-4c3b-8fb4-f472cd776fda (main)
                       syncing
                       full sync: 0/128 shards
                       incremental sync: 128/128 shards
                       data is caught up with source
```

21）使用 s3cmd 在集群 dc1 上创建 Bucket。

```
[root@0bastion ~]# s3cmd -c s3-dc1.cfg mb s3://my-first-bucket
Bucket 's3://my-first-bucket/' created
```

22）使用 s3cmd 在集群 dc2 上查看 Bucket。

```
[root@0bastion ~]# s3cmd -c s3-dc2.cfg ls
2021-03-15 14:07  s3://my-first-bucket
```

至此，我们实现了 Ceph 的对象容灾复制。

11.2　RBD 块存储容灾

RBD Mirror 的核心原理是使用日志回放（Journal Replay）功能保证主集群 RBD 和次集群 RBD 的数据副本一致。注意，这里的日志并不是 Ceph OSD 日志。配置 RBD 映像可以在不同的 Ceph 集群之间实现 RBD 块设备的异步复制，以实现容灾。此机制使用异步操作在网络上将主 RBD Image 复制到目标从 RBD Image。如果主 RBD Image 的集群不可用，你可以使用远程集群上的从 RBD Image，然后重新启动该映像的应用程序。从 Source RBD Image 故障转移到 Mirror RBD Image 时，必须降级 Source RBD Image，同时升级 Target RBD Image。Image 降级后，将变为锁定且不可用状态；升级后，将进入读写模式，可被使用。RBD 映像功能需要 rbd-mirror 软件包。该软件包需要安装在两个集群的服务器上，并且每个 Ceph 集群必须至少配置一个 Mirror Agent。

11.2.1　数据复制方向

RBD Mirror 支持两种复制：单向复制、双向复制。在单向复制下，主集群的 RBD Image 读 / 写可用，而远程从集群仅容纳镜像，并不提供对外服务。Mirror agent 仅在从集群上，Mirror 是从集群上运行的 Mirror Agent 远程拉取主集群上的 RBD Image。此模式下，你可以配置多个辅从集群。图 11-3 是 RBD Mirror 单向复制的数据流向。

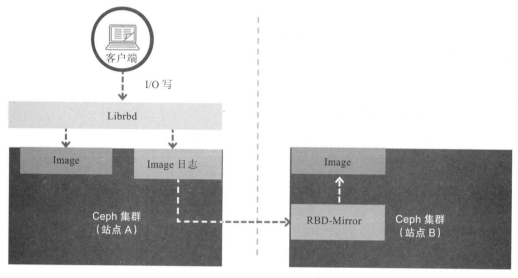

图 11-3　RBD Mirror 单向复制数据流向

在双向复制下，每个 RBD Mirror 实例必须能够同时连接到另一个 Ceph 集群。此外，网络必须在两个数据中心站点之间具有足够的带宽，以处理镜像。图 11-4 是双向

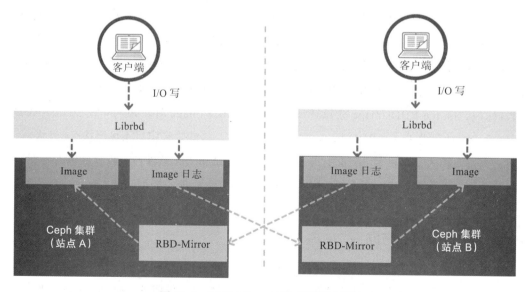

图 11-4　RBD Mirror 双向复制数据流向

复制模式下的数据流向。这里要强调的是，虽然是双向复制模式，但是并不是业务双活，不能同时在两个集群中对相同的 RBD 数据进行读写。因为 Ceph 的 RBD Mirror 是异步的。双向复制模式要求单向写入，一旦主集群不可写，就可以配置从集群作为读写集群，待主集群恢复后，从集群 RBD 映射到主集群。本质上，双向复制和单向复制操作机制一样。

11.2.2　数据复制模式

RBD Mirror 有两种复制模式：Pool 和 Image。

在 Pool 模式下，Mirror Pool 中创建的每个 RBD Image 自动启动 Mirror 开始同步。在主站点 Mirror Pool 中创建 Image 后，远程备站点自动创建副本 Image。

在 Image 模式下，必须为每个 RBD Image 分别启动 Mirror，并且必须明确指定要在两个集群之间复制的 RBD Image。

11.2.3　配置 RBD Mirror

配置双向复制和单向复制的方法非常类似，只是在单向复制的基础上，反向配置一次即可。本节将只以配置单向复制为例进行讲解。配置开始前，假定两个 Ceph 集群（分别叫 dc1 和 dc2）已经安装完毕，功能都正常开启。dc1 有 3 个节点，cepha、cephb、cephc；dc2 有 3 个节点，ceph1、ceph2、ceph3。另外有一台部署服务器 bastion。你可以将bastion 作为在两个集群上安装基础服务软件的客户端。服务器规划结构如图 11-5 所示。

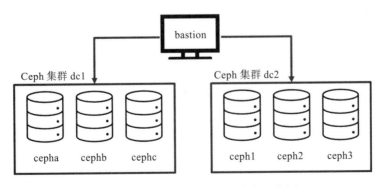

图 11-5—RBD Mirror 服务器分布示意图

配置 RBD Mirror 的方式有多种，你可以通过 ceph-ansible 中提供的 playbook 快速配置。为了了解 playbook 中具体的配置，这里使用命令行进行配置。

1）在集群 dc2 上安装 rbd-mirror。

在集群 dc2 内规划一个客户端 – 服务器，安装 rbd-mirror 包。通过在该客户端 – 服务器上配置 rbd-mirror 功能，实现将 dc1 中的 Image 同步到 dc2 内相同的池中。为了简化操作，这里选择在集群 dc2 的 ceph1 节点上安装 rbd-mirror 服务。

```
[root@0bastion ceph-ansible]# ansible -b -i inventory -m shell -a "yum
    install -y rbd-mirror" ceph1
ceph1 | SUCCESS | rc=0 >>
Loaded plugins: search-disabled-repos
Resolving Dependencies
--> Running transaction check
---> Package rbd-mirror.x86_64 2:12.2.8-89.el7cp will be installed
--> Finished Dependency Resolution
...output omitted...
Complete!Repository 'rhel-7-server-extras-rpms' is missing name in
    configuration, using id
Repository 'rhel-7-server-rpms' is missing name in configuration, using id
Repository 'rhel-7-server-rhceph-3-tools-rpms' is missing name in
    configuration, using id
```

2）在两个集群上创建要同步的池名称，本例为 rbd。

```
[root@0bastion ceph-ansible]# ceph osd pool create rbd 128 128  --cluster dc1
pool 'rbd' created
[root@0bastion ceph-ansible]# ceph osd pool application enable rbd rbd
    --cluster dc1
enabled application 'rbd' on pool 'rbd'
[root@0bastion ceph-ansible]# ceph osd pool create rbd 128 128  --cluster dc2
pool 'rbd' created
[root@0bastion ceph-ansible]# ceph osd pool application enable rbd rbd
    --cluster dc2
enabled application 'rbd' on pool 'rbd'
```

3）设置单复制模式为 Pool 模式。

```
[root@0bastion ceph-ansible]# rbd mirror pool enable rbd pool --cluster dc2
[root@0bastion ceph-ansible]# rbd mirror pool enable rbd pool --cluster dc1
```

4）在集群 dc1 和 dc2 中创建同步用户。

```
[root@0bastion ceph-ansible]# ceph auth get-or-create client.dc1 mon
    'profile rbd' osd 'profile rbd pool rbd' -o /etc/ceph/dc1.client.dc1.
    keyring --cluster dc1
[root@0bastion ceph-ansible]# ceph auth get-or-create client.dc2 mon
```

```
'profile rbd' osd 'profile rbd pool rbd' -o /etc/ceph/dc2.client.dc2.
keyring --cluster dc2
```

5）将创建的 keyring 复制到集群 dc1 和 dc2 的 MON 节点上。

```
[root@0bastion dc1]# cd /root/dc1/ceph-ansible/
[root@0bastion ceph-ansible]# for i in a b c; do ansible -b -i inventory -m
    copy -a "src=/etc/ceph/ dest=/etc/ceph/" ceph${i};done
cepha | SUCCESS => {
    "changed": true,
    "dest": "/etc/ceph/",
    "src": "/etc/ceph/"
}
cephb | SUCCESS => {
    "changed": true,
    "dest": "/etc/ceph/",
    "src": "/etc/ceph/"
}
cephc | SUCCESS => {
    "changed": true,
    "dest": "/etc/ceph/",
    "src": "/etc/ceph/"
}
[root@0bastion ceph-ansible]# cd /root/dc2/ceph-ansible/
[root@0bastion ceph-ansible]# for i in 1 2 3; do ansible -b -i inventory -m
    copy -a "src=/etc/ceph/ dest=/etc/ceph/" ceph${i};done
ceph1 | SUCCESS => {
    "changed": true,
    "dest": "/etc/ceph/",
    "src": "/etc/ceph/"
}
ceph2 | SUCCESS => {
    "changed": true,
    "dest": "/etc/ceph/",
    "src": "/etc/ceph/"
}
ceph3 | SUCCESS => {
    "changed": true,
    "dest": "/etc/ceph/",
    "src": "/etc/ceph/"
}
```

6）修改复制文件的权限。

```
[root@0bastion ceph-ansible]# cd /root/dc2/ceph-ansible/
[root@0bastion ceph-ansible]# for i in 1 2 3; do ansible -b -i inventory -m
    shell -a "chown ceph:ceph /etc/ceph/*" ceph${i};done
 [WARNING]: Consider using file module with owner rather than running chown
ceph1 | SUCCESS | rc=0 >>
 [WARNING]: Consider using file module with owner rather than running chown
ceph2 | SUCCESS | rc=0 >>
 [WARNING]: Consider using file module with owner rather than running chown
```

```
ceph3 | SUCCESS | rc=0 >>
[root@0bastion ceph-ansible]# cd /root/dc1/ceph-ansible/
[root@0bastion ceph-ansible]# for i in a b c; do ansible -b -i inventory -m
    shell -a "chown ceph:ceph /etc/ceph/*" ceph${i};done
 [WARNING]: Consider using file module with owner rather than running chown
cepha | SUCCESS | rc=0 >>
 [WARNING]: Consider using file module with owner rather than running chown
cephb | SUCCESS | rc=0 >>
 [WARNING]: Consider using file module with owner rather than running chown
cephc | SUCCESS | rc=0 >>
```

7）在集群 dc2 中使能和启动 rbd-mirror 功能。

步骤 1）中规划的 RBD Mirror 服务所在节点为 ceph1 节点，因此在 ceph1 节点中启动 RBD Mirror 服务。

```
[root@0bastion ceph-ansible]# ansible -b -i inventory -m shell -a "systemctl
    enable ceph-rbd-mirror.target;systemctl enable ceph-rbd-mirror@dc2;
    systemctl start ceph-rbd-mirror@dc2" ceph1
ceph1 | SUCCESS | rc=0 >>
Created symlink from /etc/systemd/system/multi-user.target.wants/ceph-rbd-
    mirror.target to /usr/lib/systemd/system/ceph-rbd-mirror.target.
Created symlink from /etc/systemd/system/ceph.target.wants/ceph-rbd-mirror.
    target to /usr/lib/systemd/system/ceph-rbd-mirror.target.
Created symlink from /etc/systemd/system/ceph-rbd-mirror.target.wants/ceph-
    rbd-mirror@dc2.service to /usr/lib/systemd/system/ceph-rbd-mirror@.service.
```

8）登录 ceph1 节点，修改 /usr/lib/systemd/system/ceph-rbd-mirror@.service，设置 CLUSTER 环境变量为 dc2。

```
[Unit]
Description=Ceph rbd mirror daemon
After=network-online.target local-fs.target
Wants=network-online.target local-fs.target
PartOf=ceph-rbd-mirror.target

[Service]
LimitNOFILE=1048576
LimitNPROC=1048576
EnvironmentFile=-/etc/sysconfig/ceph
Environment=CLUSTER=dc2
ExecStart=/usr/bin/rbd-mirror -f --cluster ${CLUSTER} --id %i --setuser
    ceph --setgroup ceph
ExecReload=/bin/kill -HUP $MAINPID
PrivateDevices=yes
ProtectHome=true
ProtectSystem=full
PrivateTmp=true
Restart=on-failure
StartLimitInterval=30min
```

```
StartLimitBurst=3
TasksMax=infinity

[Install]
WantedBy=ceph-rbd-mirror.target
```

9）重启 ceph1 节点的 ceph-rbd-mirror@dc2.service 服务。

```
[root@0bastion ceph-ansible]# ansible -b -i inventory -m shell -a "systemctl
    daemon-reload;systemctl restart ceph-rbd-mirror@dc2" ceph1
ceph1 | SUCCESS | rc=0 >>
```

10）指定 RBD 池进行两集群配对同步，在集群 dc2 上执行不同命令。

```
[root@0bastion ceph-ansible]# rbd --cluster dc2 mirror pool peer add rbd
    client.dc1@dc1 -n client.dc2
c5702aab-0321-4758-8c02-c46809348ab2
[root@0bastion ceph-ansible]# rbd mirror pool status  rbd --cluster dc2
health: OK
images: 0 total
[root@0bastion ceph-ansible]# rbd mirror pool status  rbd --cluster dc1
health: OK
images: 0 total
```

11）在 dc1 的 RBD 池中创建 Image，开启 exclusive-lock,journaling 功能特性。

```
[root@0bastion ceph-ansible]# rbd create image1 --size 1024 --pool rbd
    --image-feature exclusive-lock,journaling --cluster dc1
[root@0bastion ceph-ansible]# rbd ls -p rbd --cluster dc1
image1
```

12）查看同步状态。

```
[root@0bastion ceph-ansible]# rbd mirror image status rbd/image1 --cluster dc1
image1:
  global_id:   a405f5f1-82f4-4ede-b975-0c8922f9f765
  state:       down+unknown
  description: status not found
  last_update:
[root@0bastion ceph-ansible]# rbd mirror image status rbd/image1 --cluster dc2
image1:
  global_id:   a405f5f1-82f4-4ede-b975-0c8922f9f765
  state:       up+replaying
  description: replaying, master_position=[object_number=3, tag_tid=1,
    entry_tid=3], mirror_position=[object_number=3, tag_tid=1, entry_tid=3],
    entries_behind_master=0
  last_update: 2021-03-21 06:00:57
[root@0bastion ceph-ansible]# rbd ls --cluster dc2
image1
```

至此，我们已经配置好了 rbd-mirror，在集群 dc2 上已经看到集群 dc1 上创建的块设备 image1。

11.3　文件存储容灾

Ceph 没有专门为 CephFS 设置容灾备份的集成方案，而是考虑到 CephFS 已经是文件形式的存储，用户的最终使用习惯和操作系统上的一样，所以考虑使用网络备份软件来设置容灾的集成方案。如果 CephFS 的元数据损坏，Ceph 提供了修复工具 cephfs-journal-tool，具体使用方法本章不做详细介绍。

11.4　本章小结

本章介绍了 Ceph 的容灾备份方案，其中对象存储和块存储的容灾备份方案是通过 Ceph 自身提供的功能实现的。关于配置过程中的关键步骤，我们在操作时应认真校对，否则会导致配置失败、功能失效。对于文件存储容灾，本章没有详细介绍，你可以通过第三方 NBU 方案实现备份。

第 12 章 Chapter 12

调优方法

开发人员经过多年的研究，已经在 Linux 操作系统和 Ceph 自身性能上进行了优化。但是，每套 Ceph 集群的规模配置都有差别，很难给出一个万能的参数让性能达到预期。因此，你需要在 Ceph 集群建设完毕后对集群的性能进行测试，获取相应的测试指标，并针对测试指标对 Ceph 集群进行调优。当然，要综合考虑各方面因素进行调优，避免调好了一个性能指标，而使另一个性能指标降低，始终不能获得良好的整体性能。理想的情况是，尽量减少软件层面带来的性能损耗，尽可能大地发挥硬件的性能优势。

性能调优是为 Ceph 集群定制一个或多个系统的过程，以便使 Ceph 具有最佳的响应时间或吞吐量。衡量 Ceph 集群的性能有 3 个维度：延迟、IOPS 和吞吐量。

（1）延迟

有人误以为磁盘延迟和响应时长是一回事，实际上磁盘延迟涉及设备功能，响应时长涉及整个服务器功能。对于使用旋转盘片的硬盘驱动器，磁盘延迟包括两个部分：搜索时间、旋转等待时间。

1）搜索时间：驱动器磁头放置在盘片的正确轨道上所花费的时间，通常为 0.2 至 0.8 毫秒。

2）旋转等待时间：该轨道上正确的起始扇区在驱动器磁头下通过所花费的时间，

该值取决于驱动速度。对于 5400 RPM 硬盘，旋转等待时间为 5.6 毫秒；对于 7200 RPM 硬盘，旋转等待时间为 4.2 毫秒；对于 10000 RPM 硬盘，旋转等待时间为 3 毫秒；对于 15000 RPM 硬盘，旋转等待时间为 2 毫秒。

驱动器在定位磁头后向磁盘传输数据，数据传输速率很重要。对于固态驱动器（SSD），等效指标是存储的随机访问延迟，通常低于毫秒。

（2）IOPS

系统每秒处理的读写请求数在很大程度上取决于存储设备的功能和应用程序。当应用程序发出请求时，操作系统会将请求传输到设备，并等待处理直到完成。你可以使用 iostat -x 命令在 await 列查看每个设备的等待时间。r_await 和 w_await 列给出了读取和写入请求的等待时间。%iowait 列给出了系统的全局等待时间。

（3）吞吐量

吞吐量是指系统每秒可以读取或写入的实际字节数。块的大小和数据传输速率会影响吞吐量。磁盘块容量越大，数据传输速率越高。你还可以测量从客户端到服务器网络甚至整个系统的吞吐量。

12.1　性能测试工具

为了测试 Ceph 集群的性能，首先要有必要的工具。下面列出常用的集群性能测试工具。

1）Fio：灵活的 I/O 测试工具，通过其广泛的配置选项，测试各种复杂的 I/O 性能。它拥有适用于本地块设备和 RBD 的插件，这意味着可以直接从 Ceph 集群测试 RBD，也可以通过 Linux 内核驱动程序将 RBD 映射到客户端，然后使用 Fio 对通过客户端映射的块设备进行 I/O 性能测试。

2）S3bench：提供了针对兼容 S3 接口的基本吞吐量测试功能。它执行一系列 put 操作，然后执行一系列 get 操作，并显示相应的统计信息。该工具使用 AWS Go SDK。

3）Ping：除了能够诊断许多网络问题外，Ping 对网络连接的延迟测试也非常有用。

4）iPerf：其允许进行一系列网络测试，以确定两台服务器之间的带宽。该工具是最常用的网络性能测试工具。

5）RADOS：Ceph 自带的性能测试工具，包括对带宽等指标的全面测试。

12.2　测试用例

本节介绍部分测试用例，实现对 Ceph 集群的性能测试。

12.2.1　RBD 测试用例

针对 RBD 设备的性能测试，你可以设置具体的性能指标。通过这些指标可以综合衡量 Ceph 集群中 RBD 的极限性能。你可以参考表 12-1 的测试项目对 RBD 进行性能测试。

表 12-1　RBD 性能测试示例

测试指标项
Ceph RBD 设备随机写 4KB 文件的 IOPS 性能
Ceph RBD 设备顺序写 4KB 文件的 IOPS 性能
Ceph RBD 设备顺序读 4KB 文件的 IOPS 性能
Ceph RBD 设备随机读 4KB 文件的 IOPS 性能
Ceph RBD 设备写 4MB 文件的极限带宽性能
Ceph RBD 设备顺序写 4KB 文件的延迟性能
Ceph RBD 设备顺序读 4KB 文件的延迟性能
Ceph RBD 设备随机读 4KB 文件的延迟性能
Ceph RBD 设备随机写 4KB 文件的延迟性能

1）使用 Fio 测试 Ceph RBD 设备随机写 4KB 文件的 IOPS 性能。

```
[root@mon1 ~]# fio --name=4krandwrite_iops --filename=/dev/rbd0 --numjobs=8
    --bs=4k --ioengine=libaio --direct=1 --randrepeat=0 --norandommap
    --rw=randwrite --group_reporting --iodepth=512 --iodepth_batch=128
    --iodepth_batch_complete=128 --gtod_reduce=1 --runtime=10
4krandwrite_iops: (g=0): rw=randwrite, bs=(R) 4096B-4096B, (W) 4096B-4096B,
    (T) 4096B-4096B, ioengine=libaio, iodepth=512
...
fio-3.19
Starting 8 processes
```

```
Jobs: 8 (f=8): [w(8)][100.0%][w=285MiB/s][w=72.9k IOPS][eta 00m:00s]
4krandwrite_iops:(groupid=0, jobs=8): err= 0: pid=365014: Mon Jan 18 11:18:29 2021
  write: IOPS=77.1k, BW=301MiB/s (316MB/s)(3165MiB/10505msec); 0 zone resets
    bw (KiB/s): min=112411, max=529745, per=100.00%, avg=315936.70, stdev=
    14137.52, samples=160
...output omitted...
```

2）使用 Fio 测试 Ceph RBD 设备顺序写 4KB 文件的 IOPS 性能。

```
[root@mon1 ~]# fio --name=4kwrite_iops --filename=/dev/rbd0 --numjobs=8
    --bs=4k --ioengine=libaio --direct=1 --randrepeat=0 --norandommap
    --rw=write --group_reporting --iodepth=512 --iodepth_batch=128
    --iodepth_batch_complete=128 --gtod_reduce=1 --runtime=10
4kwrite_iops: (g=0): rw=write, bs=(R) 4096B-4096B, (W) 4096B-4096B, (T)
4096B-4096B, ioengine=libaio, iodepth=512
...
fio-3.19
Starting 8 processes
Jobs: 8 (f=8): [W(8)][100.0%][w=726MiB/s][w=186k IOPS][eta 00m:00s]
4kwrite_iops: (groupid=0, jobs=8): err= 0: pid=365088: Mon Jan 18 11:19:34 2021
  write: IOPS=179k, BW=699MiB/s (733MB/s)(7014MiB/10028msec); 0 zone resets
    bw (KiB/s): min=165362, max=1020928, per=100.00%, avg=726150.00, stdev=26434.33,
        samples=152
...output omitted...
```

3）使用 Fio 测试 Ceph RBD 设备顺序读 4KB 文件的 IOPS 性能。

```
[root@mon1 ~]# fio --name=4kread_iops --filename=/dev/rbd0 --numjobs=8
    --bs=4k --ioengine=libaio --direct=1 --randrepeat=0 --norandommap --rw=read
    --group_reporting --iodepth=512 --iodepth_batch=128 --iodepth_batch_
    complete=128 --gtod_reduce=1 --runtime=10
4kread_iops: (g=0): rw=read, bs=(R) 4096B-4096B, (W) 4096B-4096B,
(T) 4096B-4096B, ioengine=libaio, iodepth=512
...
fio-3.19
Starting 8 processes
Jobs: 8 (f=8): [R(8)][100.0%][r=765MiB/s][r=196k IOPS][eta 00m:00s]
4kread_iops: (groupid=0, jobs=8): err= 0: pid=365173: Mon Jan 18 11:21:17 2021
  read: IOPS=251k, BW=982MiB/s (1030MB/s)(8192MiB/8339msec)
    bw (KiB/s): min=623360, max=1219584, per=100.00%, avg=1015564.19, stdev=
    19328.03, samples=128
...output omitted...
```

4）使用 Fio 测试 Ceph RBD 设备随机读 4KB 文件的 IOPS 性能。

```
[root@mon1 ~]# fio --name=4krandread_iops --filename=/dev/rbd0 --numjobs=8
    --bs=4k --ioengine=libaio --direct=1 --randrepeat=0 --norandommap
    --rw=randread --group_reporting --iodepth=512 --iodepth_batch=128
    --iodepth_batch_complete=128 --gtod_reduce=1 --runtime=10
4krandread_iops: (g=0): rw=randread, bs=(R) 4096B-4096B, (W) 4096B-4096B,
    (T) 4096B-4096B, ioengine=libaio, iodepth=512
...
```

```
fio-3.19
Starting 8 processes
Jobs: 8 (f=8): [r(8)][100.0%][r=744MiB/s][r=190k IOPS][eta 00m:00s]
4krandread_iops:(groupid=0, jobs=8): err= 0: pid=365248: Mon Jan 18 11:22:01 2021
  read: IOPS=190k, BW=743MiB/s (780MB/s)(7443MiB/10011msec)
   bw（KiB/s）: min=724406, max=792863, per=100.00%, avg=761468.26,
     stdev=2249.65, samples=152
...output omitted...
```

5）使用 Fio 测试 Ceph RBD 设备写 4MB 文件的极限带宽性能。

```
 [root@mon1 ~]# fio --name=4mwrite-bw --filename=/dev/rbd0 --numjobs=8
    --bs=4m --ioengine=libaio --direct=1 --randrepeat=0 --norandommap
    --rw=write --group_reporting --iodepth=512 --iodepth_batch=128
    --iodepth_batch_complete=128 --gtod_reduce=1 --runtime=10
4mwrite-bw: (g=0): rw=write, bs=(R) 4096KiB-4096KiB, (W) 4096KiB-4096KiB,
    (T) 4096KiB-4096KiB, ioengine=libaio, iodepth=512
...
fio-3.19
Starting 8 processes
Jobs: 5 (f=5): [_(3),W(5)][47.4%][w=2046MiB/s][w=511 IOPS][eta 00m:10s]
4mwrite-bw: (groupid=0, jobs=8): err= 0: pid=365538: Mon Jan 18 11:24:34 2021
  write: IOPS=268, BW=1073MiB/s (1126MB/s)(8192MiB/7632msec); 0 zone resets
...output omitted...
```

6）使用 Fio 测试 Ceph RBD 设备顺序写 4KB 文件的延迟性能。

```
 [root@mon1 ~]# fio --name=4kwrite_lat --filename=/dev/rbd0 --numjobs=8
    --bs=4k --ioengine=sync --direct=1 --randrepeat=0 --norandommap
    --rw=write --group_reporting  --runtime=10
4kwrite_lat: (g=0): rw=write, bs=(R) 4096B-4096B, (W) 4096B-4096B,
    (T) 4096B-4096B, ioengine=sync, iodepth=1
...
fio-3.19
Starting 8 processes
Jobs: 8 (f=8): [W(8)][100.0%][w=51.8MiB/s][w=13.3k IOPS][eta 00m:00s]
4kwrite_lat: (groupid=0, jobs=8): err= 0: pid=365941: Mon Jan 18 11:33:46 2021
  write: IOPS=13.6k, BW=53.2MiB/s (55.8MB/s)(533MiB/10001msec); 0 zone resets
    clat (usec): min=288, max=27800, avg=585.95, stdev=303.33
     lat (usec): min=288, max=27800, avg=586.07, stdev=303.33
    clat percentiles (usec):
...output omitted...
```

7）使用 Fio 测试 Ceph RBD 设备顺序读 4KB 文件的延迟性能。

```
root@mon1 ~]# fio --name=4kread_lat --filename=/dev/rbd0 --numjobs=8 --bs=4k
    --ioengine=sync --direct=1 --randrepeat=0 --norandommap --rw=read
    --group_reporting  --runtime=10
4kread_lat: (g=0): rw=read, bs=(R) 4096B-4096B, (W) 4096B-4096B,
    (T) 4096B-4096B, ioengine=sync, iodepth=1
...
fio-3.19
```

```
Starting 8 processes
Jobs: 8 (f=8): [R(8)][100.0%][r=102MiB/s][r=26.1k IOPS][eta 00m:00s]
4kread_lat: (groupid=0, jobs=8): err= 0: pid=366031: Mon Jan 18 11:35:59 2021
  read: IOPS=30.2k, BW=118MiB/s (124MB/s)(1180MiB/10001msec)
    clat (usec): min=71, max=222820, avg=264.11, stdev=1274.76
     lat (usec): min=71, max=222820, avg=264.19, stdev=1274.76
    clat percentiles (usec):
...output omitted...
```

8）使用 Fio 测试 Ceph RBD 设备随机读 4KB 文件的延迟性能。

```
 [root@mon1 ~]# fio --name=4krandread_lat --filename=/dev/rbd0 --numjobs=8
    --bs=4k --ioengine=sync --direct=1 --randrepeat=0 --norandommap
    --rw=randread --group_reporting  --runtime=10
4krandread_lat: (g=0): rw=randread, bs=(R) 4096B-4096B, (W) 4096B-4096B,
   (T) 4096B-4096B, ioengine=sync, iodepth=1
...
fio-3.19
Starting 8 processes
Jobs: 8 (f=8): [r(8)][100.0%][r=49.6MiB/s][r=12.7k IOPS][eta 00m:00s]
4krandread_lat: (groupid=0, jobs=8): err= 0: pid=366109: Mon Jan 18 11:36:56 2021
  read: IOPS=8560, BW=33.4MiB/s (35.1MB/s)(335MiB/10005msec)
    clat (usec): min=83, max=225226, avg=932.73, stdev=4721.87
     lat (usec): min=83, max=225226, avg=932.87, stdev=4721.87
    clat percentiles (usec):
...output omitted...
```

9）使用 Fio 测试 Ceph RBD 设备随机写 4KB 文件的延迟性能。

```
 [root@mon1 ~]# fio --name=4krandwrite_lat --filename=/dev/rbd0 --numjobs=8
    --bs=4k --ioengine=sync --direct=1 --randrepeat=0 --norandommap
    --rw=randwrite --group_reporting  --runtime=10
4krandwrite_lat: (g=0): rw=randwrite, bs=(R) 4096B-4096B, (W) 4096B-4096B,
   (T) 4096B-4096B, ioengine=sync, iodepth=1
...
fio-3.19
Starting 8 processes
Jobs: 8 (f=8): [w(8)][100.0%][w=38.7MiB/s][w=9918 IOPS][eta 00m:00s]
4krandwrite_lat: (groupid=0, jobs=8): err= 0: pid=366173: Mon Jan 18
   11:37:35 2021
 write: IOPS=10.0k, BW=39.1MiB/s (41.0MB/s)(391MiB/10001msec); 0 zone resets
    clat (usec): min=296, max=26629, avg=796.53, stdev=313.26
     lat (usec): min=296, max=26629, avg=796.73, stdev=313.27
    clat percentiles (usec):
...output omitted...
```

12.2.2　网络测试用例

假定在 Ceph 集群的 mon1 节点部署 iPerf 服务器，你可以通过对任意节点和此节点建立通信来测试网络性能，测试步骤如下。

1）启动 iPerf 服务器。

```
[root@mon1]# iperf -s
```

2）测试节点间网络性能。

```
[root@osd1]# iperf -c mon1
```

12.2.3　对象存储测试

下面给出使用 S3bench 测试对象存储性能的用例。

```
[root@mon1 s3bench-master]# ./s3bench -accessKey=LS8C2E8YBHV0L7O5WN0F
    -accessSecret=Awvh5hEICyXil69VYvBDgSVAgsX7mLchxNyXZopy -bucket=tb1
    -endpoint=http://mon1.ceph1.example.com:8080,http://mon2.ceph1.example.
    com:8080,http://mon3.ceph1.example.com:8080 -numClients=3 -numSamples=
    10 -objectSize=838860800
Test parameters
endpoint(s):      [http://mon1.ceph1.example.com:8080 http://mon2.ceph1.
    example.com:8080 http://mon3.ceph1.example.com:8080]
bucket:           tb1
objectNamePrefix: loadgen_test_
objectSize:       800.0000 MB
numClients:       3
numSamples:       10
verbose:          %!d(bool=false)


Generating in-memory sample data... Done (4.186294652s)

Running Write test...

Running Read test...

Test parameters
endpoint(s):      [http://mon1.ceph1.example.com:8080 http://mon2.ceph1.
    example.com:8080 http://mon3.ceph1.example.com:8080]
bucket:           tb1
objectNamePrefix: loadgen_test_
objectSize:       800.0000 MB
numClients:       3
numSamples:       10
verbose:          %!d(bool=false)


Results Summary for Write Operation(s)
Total Transferred: 8000.000 MB
Total Throughput:  527.54 MB/s
Total Duration:    15.165 s
Number of Errors:  0
```

```
------------------------------------
Write times Max:        4.201 s
Write times 99th %ile: 4.201 s
Write times 90th %ile: 4.201 s
Write times 75th %ile: 4.047 s
Write times 50th %ile: 3.855 s
Write times 25th %ile: 3.742 s
Write times Min:        3.636 s


Results Summary for Read Operation(s)
Total Transferred: 8000.000 MB
Total Throughput:  937.33 MB/s
Total Duration:    8.535 s
Number of Errors:  0
------------------------------------
Read times Max:        2.556 s
Read times 99th %ile: 2.556 s
Read times 90th %ile: 2.556 s
Read times 75th %ile: 2.403 s
Read times 50th %ile: 2.231 s
Read times 25th %ile: 2.138 s
Read times Min:        2.032 s


Cleaning up 10 objects...
Deleting a batch of 10 objects in range {0, 9}... Succeeded
Successfully deleted 10/10 objects in 95.942386ms
```

12.2.4　RADOS 测试用例

下面给出 3 种针对 Ceph 池的 scbench 测试用例。

1）写入速率测试。

```
[root@mon1 home]# rados bench -p scbench 10 write --no-cleanup
hints = 1
Maintaining 16 concurrent writes of 4194304 bytes to objects of size 4194304
for up to 10 seconds or 0 objects
Object prefix: benchmark_data_mon1.ceph1.example.com_358307
  sec  Cur ops  started  finished  avg MB/s  cur MB/s  last lat(s)  avg lat(s)
    0        0        0         0         0         0            -           0
    1       16      257       241    963.86       964    0.0481077    0.064388
    2       16      531       515   1029.84      1096    0.0423452   0.0608791
    3       16      810       794    1058.5      1116    0.0394996   0.0597475
    4       16     1086      1070   1069.84      1104    0.0632946   0.0592671
    5       16     1366      1350   1079.84      1120    0.0571393   0.0589689
    6       16     1645      1629   1085.84      1116    0.0350042   0.0586529
    7       16     1923      1907   1089.55      1112    0.0355203    0.058414
```

```
       8      16      2202      2186   1092.83      1116    0.0519929     0.0583325
       9      16      2481      2465   1095.39      1116    0.0797031     0.0582389
      10      16      2752      2736   1094.23      1084    0.0673506     0.0582318
Total time run:             10.0358
Total writes made:          2753
Write size:                 4194304
Object size:                4194304
Bandwidth (MB/sec):         1097.28
Stddev Bandwidth:           47.1857
Max bandwidth (MB/sec):     1120
Min bandwidth (MB/sec):     964
Average IOPS:               274
Stddev IOPS:                11.7964
Max IOPS:                   280
Min IOPS:                   241
Average Latency(s):         0.0583025
Stddev Latency(s):          0.0154346
Max latency(s):             0.160514
Min latency(s):             0.0256778
```

2）顺序读速率测试。

```
[root@mon1 ~]# rados bench -p scbench 10 seq
hints = 1
  sec  Cur ops   started   finished   avg MB/s   cur MB/s   last lat(s)   avg lat(s)
    0        0         0          0          0          0             -            0
    1       16       102         86    343.922        344     0.0194463     0.163491
    2       16       300        284    567.905        792     0.0384775     0.107908
    3       16       564        548    730.562       1056     0.0621824    0.0857732
    4       16       835        819    818.892       1084      0.079814     0.076916
    5       16      1106       1090    871.889       1084     0.0691304    0.0722352
    6       16      1378       1362    907.889       1088     0.0384274    0.0694858
    7       16      1653       1637    935.318       1100     0.0644025    0.0675508
    8       16      1925       1909    954.383       1088     0.0421438    0.0661623
    9       16      2199       2183    970.101       1096     0.0467061    0.0651821
   10       16      2471       2455    981.878       1088     0.0635384    0.0643742
Total time run:             10.0595
Total reads made:           2472
Read size:                  4194304
Object size:                4194304
Bandwidth (MB/sec):         982.947
Average IOPS:               245
Stddev IOPS:                60.6708
Max IOPS:                   275
Min IOPS:                   86
Average Latency(s):         0.0644502
Max latency(s):             0.485071
Min latency(s):             0.0140948
```

3）随机读速率测试。

```
[root@mon1 ~]# rados bench -p scbench 10 rand
```

```
hints = 1
   sec   Cur ops     started   finished    avg MB/s    cur MB/s    last lat(s)
 avg lat(s)
     0        0           0           0           0           0           -            0
     1       15         289         274     1095.83        1096   0.0191153    0.0561554
     2       16         566         550     1099.83        1104   0.0652593    0.0566128
     3       16         843         827     1102.52        1108   0.0225136    0.0567262
     4       16        1122        1106     1105.86        1116    0.055824    0.0567892
     5       16        1399        1383     1106.27        1108   0.0374183    0.0567316
     6       16        1678        1662     1107.87        1116   0.0522988    0.0567514
     7       16        1958        1942     1109.58        1120   0.0373669    0.0567544
     8       16        2239        2223     1111.36        1124   0.0406238    0.0567281
     9       15        2518        2503     1112.31        1120   0.0479201     0.056726
    10       16        2799        2783     1113.07        1120   0.0816771    0.0567165
Total time run:           10.0527
Total reads made:         2800
Read size:                4194304
Object size:              4194304
Bandwidth (MB/sec):       1114.13
Average IOPS:             278
Stddev IOPS:              2.21359
Max IOPS:                 281
Min IOPS:                 274
Average Latency(s):       0.0567781
Max latency(s):           0.42347
Min latency(s):           0.0120634
```

12.3　推荐的调优方向

通过 12.2 节提供的测试用例，我们可以分析出性能指标。针对性能指标，我们可以从软硬件层面对 Ceph 集群和所有 Linux 服务器进行性能调优。

12.3.1　硬件调优

1. CPU 调优

由于 Ceph 是由软件定义的存储，因此其性能在很大程度上受到 OSD 节点中 CPU 速度的影响。CPU 主频越高，意味着运行代码的速度越快，同时处理每个 I/O 请求的时间也会越短，因此建议使用高主频的处理器。

2. 磁盘调优

（1）磁盘 I/O

Linux 内核支持多种 I/O 调度算法，包括 CFQ、Noop、Deadline 等。根据不同的磁盘应用场景选择不同的 I/O 调度算法可提升 I/O 性能。I/O 调度算法的选择既取决于硬件特征，也取决于应用场景。对于传统的 SAS 盘，CFQ、Deadline、Noop 算法都是不错的选择。对于专属的数据库服务器，Deadline 算法在吞吐量和响应时间方面都表现良好。然而在新兴的固态硬盘比如 SSD 上，最简单的 Noop 算法反而可能是最好的，因为其他两种算法的优化是基于缩短寻道时间，而固态硬盘没有所谓的寻道时间且 I/O 响应时间非常短。上面 3 种调度算法适用的场景如下。

- ❑ CFQ：对于固态硬盘，不推荐使用该调度算法；对于其他类型的硬盘如 SAS/SATA 且 I/O 请求较多，需要均衡调度时，可考虑使用该调度算法。如果在固态硬盘上使用该调度算法，需要设置如下参数进行调优。
  - ○ 设置 /sys/block/devname/queue/ionice/slice_idle 为 0。
  - ○ 设置 /sys/block/devname/queue/ionice/quantum 为 64。
  - ○ 设置 /sys/block/devname/queue/ionice/group_idle 为 1。

- ❑ Noop：在要求对某类 I/O 请求优先处理，且 I/O 请求类型少，或者使用了类似 SSD 的固态硬盘时，可考虑使用该调度算法。
- ❑ Deadline：Deadline 的核心思想是最大化 I/O 吞吐量，同时在一定范围内保证读写的响应时间。Deadline 相对于 Noop 算法的最大优势在于，添加了前向合并和所谓的批操作，大大减少了磁头的移动，使读写效率得到提高。使用该算法时，调优参数如表 12-2 所示。

表 12-2　针对 Deadlined 调度算法的调优参数

参数名	含意
fifo_batch	一次批处理的大小
front_merges	是否进行前向合并
read_expire	读请求超时时间
write_expire	写请求超时时间
writes_starved	写请求被"饿死"的次数

更改磁盘调度算法时，我们可以使用如下命令：

❑ echo noop > /sys/block/{your device name}/queue/scheduler

❑ echo cfq > /sys/block/{your device name}/queue/scheduler

❑ echo deadline > /sys/block/{your device name}/queue/scheduler

（2）磁盘数量

在参数和硬件配置相同的情况下，大量的 I/O 请求会向 Ceph OSD 节点写入数据，同时会向其他 OSD 节点写入数据副本。待数据副本写入完毕后，本次数据存储结束。如果 OSD 节点数量过少，在生产环境下会带来性能的损耗，因此在某种程度上增加 OSD 数量对 Ceph 的写操作性能提升有帮助。

（3）磁盘转速

如果使用传统机械盘做存储，选择 7200RPM 以上的 SATA 或者 SAS。

（4）Non-RAID 配置

为了避免对底层磁盘使用 RAID，Ceph 通过副本或者纠删码方式对数据副本进行保护。如果使用 RAID，不仅浪费容量，也因多一层底层计算而降低 Ceph 整体存储性能。

12.3.2　网络调优

（1）使用万兆网卡

Ceph 集群内部网络带宽是影响数据读写和数据恢复性能的关键因素。高带宽可以带来更快的读写。如果使用千兆以太网卡，性能指标会很低。以千兆网络为例，复制 1TB 数据的时间在 18 秒左右。如果使用万兆网络复制相同的数据副本，完成时间仅为 1.8 秒，因此大规模集群一定要使用万兆以上的网络。

（2）多网卡聚合负载均衡

提升 Ceph 性能的主要手段是将多网卡聚合进行负载均衡，达到带宽叠加的效果。配置多网卡聚合可以使用 Bonding 和 Teaming 技术。这里不提供这两种技术的详细过程。我们可以考虑通过配置 4 端口万兆网络提升随机写性能。

（3）Jumbo Frame

以太网具有标准的最大传输数据包大小，称为最大传输单元（Maximum Transmission Unit，MTU）。以太网标准中，其大小为 1500 字节。Jumbo Frame 是一种巨型帧。为了提高吞吐量并减少处理开销，允许设备发送和接收比标准 MTU 大的帧。这意味着发送一个巨型帧比发送几个小帧传输相同数据的效率更高。巨型帧的官方最大传输单元大小为 9000 字节，但某些设备支持更大的帧。注意，连接到以太网的所有设备都需要支持所需大小的巨型帧，并且需要在该网络上为所有经过的链路节点上的以太网接口配置相同大小的巨型帧。链路节点包括客户端计算机、网络交换机（配置支持接收巨型帧）、Ceph 节点以及该以太网上的任何其他设备。如果流量必须穿过路由器到达另一个以太网，路由器接口和另一个以太网还需要支持至少大小相同的巨型帧，这样才能从巨型帧中完全受益。

（4）内核参数

Linux 为每个 TCP / IP 连接缓冲区，但是默认值可能不适用于所有连接。以下参数用来管理缓冲区。

❑ net.ipv4.tcp_wmem：设置操作系统的接收缓冲区值。

❑ net.ipv4.tcp_rmem：设置操作系统的发送缓冲区值。

❑ net.ipv4.tcp_mem：定义与内存使用有关的 TCP 堆栈行为。

❑ net.core_wmem_max：操作系统接收的所有类型的连接的最大接收缓冲区大小。

❑ net.core_rmem_max：操作系统接收的所有类型的连接的最大发送缓冲区大小。

配置 net.ipv4.tcp_wmem 和 net.ipv4.tcp_rmem 参数时，需要按照固定格式进行。它们都由 3 个值构成，第一个值表示内核单个 TCP 套接字的最小缓冲区空间，第二个值表示内核单个 TCP 套接字的默认缓冲区空间，第三个值表示内核单个 TCP 套接字的最大缓冲区空间。对于 net.ipv4.tcp_mem 参数，第一个值表示内核较低的阈值，第二个值表示内核何时开始增加内存使用量，第三个值表示内核最大内存页数，参数调整示例如下（参数值根据实际情况调整）：

```
[root@mon1]# vim /etc/sysctl.d/99-ceph.conf
net.ipv4.tcp_rmem = 4096 87380 16777216
net.ipv4.tcp_wmem = 4096 16384 16777216
net.core.rmem_max = 16777216
net.core.wmem_max = 16777216
```

12.3.3　内存调优

下面描述了几个内存调优参数，读者可根据具体情况进行设置。如果你的系统中使用透明大页，建议考虑将其关闭。

（1）vm.dirty_ratio/vm.dirty_bytes

这两个参数可以实现对内存回写磁盘的控制。当脏页数量达到一定比例（系统总内存占比）或者具体的阈值时，触发 Linux 内核强制回写磁盘数据。这时，进程的所有 I/O 操作将被阻塞，这也是造成磁盘 I/O 性能瓶颈的重要因素。我们可以尝试将这个比例或者阈值设置得大一些。比例和阈值只需要设置其中一个即可。

（2）vm.dirty_backgroud_ratio/vm.dirty_backgroud_bytes

当系统的脏页数量达到一定比例（系统总内存占比）或者具体的阈值时，将激活 pdflush/flush/kdmflush 后台进程清理脏数据，异步执行回写磁盘数据操作。我们可以尝试将此比例设置得较小一些，比如 5%，这样可以保证系统数据平滑地回写到磁盘。

（3）vm.min_free_kbytes

这是为操作系统预留的内存，不论应用程序使用多少内存，这部分内存不受影响，以保证系统有足够的内存运行。但是，其值不是越大越好，如果预留太大会导致空闲使用内存不足，迫使内核频繁进行内存回收，严重影响性能。在超 48GB RAM 系统上，我们可将 m.min_free_kbytes 参数设置为 4194303（4GB）或者以上。

（4）vm.swappiness

vm.swappiness 决定了应用内存来自页交换分区还是直接从页缓存中回收内存的程度。vm.swappiness 取值范围为 0 到 100，一般将 swappiness 设置为 100。与从页缓存中回收内存相比，系统更喜欢交换页面到磁盘，以空出更多内存。如果将其设置为 1，系统将尽可能少地将内存页交换到交换分区，而是优先从页缓存中回收内存页。在 Ceph

节点上，重要的是 Ceph 进程必须保留在内存中而不被交换出去，推荐不要将该参数值设置得太大，否则会影响性能，可以考虑将 vm.swappiness 值设置为 10。

12.3.4　Scrub

Scrub 是 Ceph 验证存储在 RADOS 中的对象是否一致并防止数据损坏的方法。Scrub 有两种模式：普通模式和深度模式。在普通模式下，Scrub 操作会读取某个放置组中的所有对象，并比较副本，以确保它们的大小和属性值一致。在深度模式下，Scrub 操作将更进一步，比较对象的实际数据内容。与普通模式相比，深度模式下的 Scrub 操作会产生更多 I/O。普通模式下的 Scrub 操作每天执行一次，而深度模式下的 Scrub 操作每周执行一次。Scrub 操作会对客户端 I/O 产生影响，因此，可以对 OSD 设置进行调整，以指导对 Ceph 集群进行清洗。Ceph 中的两个参数：osd_scrub_begin_hour 和 osd_scrub_end_hour，决定了 Scrub 操作的始末时间。默认情况下，它设置为允许在全天进行 Scrub 操作。你可以调整 Scrub 的开始和结束时间，让 Ceph 在业务非高峰期执行清洗。

12.3.5　Ceph 配置参数调优

做好对 Ceph 的配置参数的调整会带来部分性能提升，其中使用 BlueStore 相比使用 Filestore 会带来更高的性能提升。针对 BlueStore，我们有很多可以进行优化的参数，具体如下。

1）调整 rocksdb 和 wal。以下两个参数的具体数值根据实际情况而定，不能一概而论。这需要在系统部署时候规划好，数值计算方法请参考第 5 章内容。

❏ bluestore_block_db_size
❏ bluestore_block_wal_size

2）调整 Allocation Size。在混合工作负载条件下，调整 alloc_size 会略微提高小型对象的写入性能。将 alloc_size 减小到 4KB 有助于减少对小型对象的写入放大，但此更改需要在 OSD 部署之前完成。如果部署之后更改，必须重新部署 OSD，以使其生效。建议机械盘设置为 64KB，SSD / NVMe 设置为 4KB。

❑ min_alloc_size_ssd = 4096

❑ min_alloc_size_hdd = 65536

关于其他调优参数，你可以根据实际情况进行分析，并逐步调优。本章目的在于给出一些调优思路。

12.4 本章小结

本章从硬件、网络、内存和参数等方向提出了对 Ceph 调优的建议，其中网络和硬件部分对集群的影响更大，调优的效果更明显。对必要的参数调优能为 Ceph 在某些特殊场景下带来性能提升，但效果可能不如我们期望得好，本章重在为读者提供调优思路。

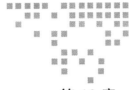

第 13 章 | *Chapter 13*

故障定位方法

分布式存储集群的可靠性已经很高，但在大容量集群环境下，出现任何故障都可能带来集群性能问题或者数据安全隐患，因此要做好对集群状态监控及故障恢复。当故障发生后，我们要及时使用正确的处理方式排除故障。本章介绍常见的故障定位方法。

13.1 获取集群状态

集群状态有 3 种，具体如下。

❑ HEALTH_OK：表示集群运行良好。

❑ HEALTH_WARN：表示警告。在某些情况下，Ceph 状态会从 HEALTH_WARN 状态自动返回到 HEALTH_OK 状态，例如，Ceph 集群完成再平衡时。但是，如果集群处于 HEALTH_WARN 状态的时间很长，就需要排查是否存在问题。

❑ HEALTH_ERR：表示出现更严重的问题。你可以使用 ceph health detail 和 ceph -s 命令来获取更详细的输出。

除了掌握 Ceph 集群的基本状态，当出现问题时，你要能准确地找到相关报错信息和日志，以便快速定位问题。默认情况下，Ceph 将其日志存储在 /var/log/ceph/ 目录下。CLUSTER_NAME.log 包含全局事件的主存储集群日志。默认情况下，日志文件名为

ceph.log。只有 MON 节点包括主存储集群日志。每个 OSD 和 MON 节点都有其独立的日志文件，名称分别为 CLUSTER_NAME-osd.NUMBER.log 和 CLUSTER_NAME-mon.HOSTNAME.log。当提高 Ceph 子系统的调试级别时，Ceph 也会为这些子系统生成新的日志文件。

通常，Ceph 不会将存储在内存中的日志输出，只有在以下情况才会输出日志。

❑ 发出致命信号。
❑ 触发源代码中的断言。
❑ 用户发出请求。

你可以为每个 Ceph 组件进程设置不同的值。Ceph 日志记录级别范围为 1 到 20，其中 1 表示简洁，20 表示冗长。对于定位复杂的问题，你可以适当将日志级别提高。表 13-1 给出了 Ceph 组件的默认日志级别。

表 13-1　Ceph 组件的默认日志级别

子系统	日志级别	内存级别	描述
asok	1	5	管理 Socket
auth	1	5	认证
client	0	5	使用 Librados 连接到集群的应用或者库函数
bluestore	1	5	OSD 后端存储技术 BlueStore
journal	1	5	OSD 日志
mds	1	5	元数据管理服务器
monc	0	5	Monitor 客户端
mon	1	5	Monitor
ms	0	5	消息系统
osd	0	5	OSD 守护进程
paxos	0	5	Monitor 之间建立一致性的算法
rados	0	5	Ceph 的核心算法
rbd	0	5	Ceph 块设备
rgw	1	5	Ceph 对象网关

调整日志级别有两种方法。

1）在线调整。使用 tell 命令，直接调整 debug 级别。

```
ceph tell TYPE.ID injectargs --debug-SUBSYSTEM VALUE [--NAME VALUE]
```

例如，调整 osd.0 的日志级别。

```
# ceph tell osd.0 injectargs --debug-osd 0/5
```

修改完毕，在线查看配置是否生效。

```
# ceph daemon osd.0 config show | less
```

2）修改配置文件进行调整。如果需要全局生效，在 /etc/ceph/ceph.conf 中的 [global] 字段下添加配置。对于特定守护进程的子系统，在守护进程字段下添加配置，例如 [mon][osd] 或 [mds]，修改之后重启相应服务使其生效。

```
[global]
        debug_ms = 1/5
[mon]
        debug_mon = 20
        debug_paxos = 1/5
        debug_auth = 2
[osd]
        debug_osd = 1/5
        debug_monc = 5/20
[mds]
        debug_mds = 1
```

13.2 诊断 Monitor 问题

通常，常见的 Monitor 问题有三种：Monitor 失去仲裁后转为 down 状态问题、时钟问题、存储容量问题。接下来简单分析相关问题发生的原因。

1）Monitor 失去仲裁后转为 down 状态问题。

❑ 如果 ceph-mon 守护进程未运行，则可能是存储已损坏或其他错误阻止了该守护进程启动。另外，/var/ 分区可能已满，ceph-mon 无法对默认位于 /var/lib/ceph/mon-SHORT_HOST_NAME/store.db 中的数据执行任何操作。

❑ 如果 ceph-mon 守护进程正在运行，但 Ceph Monitor 失去仲裁，标记为 down，这可能是网络问题或者时钟不同步导致的。

通常，你可以查看日志或者 ceph-mon 守护进程的状态来获取问题定位信息。下面给出几个查看相关日志分析中 Monitor 状态为 down 问题的命令。

```
[root@mon ~]# systemctl status ceph-mon@HOST_NAME
[root@mon ~]# systemctl start ceph-mon@HOST_NAME
[root@mon ~]# cat /var/log/ceph/ceph-mon.HOST_NAME.log
[root@mon ~]# ceph daemon mon.a mon_status
```

2）时钟问题。

通常，时钟问题会以告警的形式（HEALTH_WARN）出现。你可以通过 ceph -s 或者 ceph health detail 命令查看。其也会以 HEALTH_ERR 的形式出现，比如将 Ceph 的时钟服务器关闭几个小时或者一天，然后再启动。这时，每个节点的时钟已经远远领先于 NTP 服务器的时间，Ceph 存储节点的 OSD 会出现 down 状态，集群的状态变成 HEALTH_ERR。而检查时钟时，发现时钟的偏差时间很大，但是在微调后，时钟重新同步，集群也能恢复正常。期间，集群是不能提供服务的。为了快速恢复服务，应该重启每个节点的时钟服务（NTP/Chrony），或者手动强制执行同步。通常，时钟问题信息如下：

```
mon.a (rank 0) addr 127.0.0.1:6789/0 is down (out of quorum)
mon.a addr 127.0.0.1:6789/0 clock skew 0.08235s > max 0.05s (latency 0.0045s)
```

3）存储容量问题。

```
mon.ceph1 store is getting too big! 48031 MB >= 15360 MB -- 62% avail
```

当 Ceph 报告以上问题时，说明 LevelDB 数据量过大。Ceph Monitor 存储是一个 LevelDB 数据库，将条目存储为键 – 值对。该数据库包括一个集群，默认情况下位于 /var/lib/ceph/mon/CLUSTER_NAME-SHORT_HOST_NAME/store.db。查询 Ceph Monitor 上的存储可能需要一些时间，因此 Ceph Monitor 可能会延迟响应客户端查询。为了解决这类问题，我们就需要对数据进行压缩，可以参考如下命令。

```
# ceph tell mon.host1 compact
```

13.3 诊断对象问题

当对象丢失的时候，你可以使用 ceph-objectstore-tool 实用工具查看并修复存储在 Ceph OSD 节点中丢失的对象，示例如下。

1）查看丢失的对象：

```
[root@osd ~]# ceph-objectstore-tool --data-path /var/lib/ceph/osd/ceph-0
    --op fix-lost --dry-run
```

2）修复丢失的对象：

```
[root@osd ~]# ceph-objectstore-tool --data-path /var/lib/ceph/osd/ceph-0
    --op fix-lost
```

13.4 数据平衡

当 OSD 发生故障或主动将某 OSD 进程停止时，CRUSH 算法会自动启动数据平衡功能，以保证数据在其余 OSD 中重新分配。数据平衡会耗费时间和资源，因此请考虑在故障排除或 OSD 维护期间停止数据平衡。在故障排除和 OSD 维护期间，停止运行的 OSD 中的放置组会处于 degraded 状态，但是依旧可以正常访问数据。

1）请在停止运行 OSD 之前设置 noout 标志。

```
[root @ mon~]#ceph osd set noout
```

2）完成故障排除或 OSD 维护后，取消设置 noout 标志，以重新启动数据平衡功能。

```
[root @ mon~]#ceph osd unset noout
```

13.5 重要文件目录

Ceph 集群中有很多重要的文件，请慎重保存，并谨慎修改。

（1）Ceph 配置文件

/etc/ceph/ceph.conf 文件轻易不要改动，尤其是 Monitor 节点的 IP，改动了可能导致 Ceph 系统出现严重异常。

/etc/ceph/rbdmap 文件是 RBD 的自动挂载配置文件。为了保证系统重启后能正常挂载，新建的 RBD 要向该文件中写内容（只需要在你的 RBD 客户端节点写）。

/etc/ceph/ceph.client.admin.keyring 文件是在增加节点时，将此文件复制到新节点的相同目录下，以便生成证书。

（2）Ceph 日志文件

/var/log/ceph/* 文件用于存放每个节点的日志，以便于用户根据具体的角色查找相应的日志。例如：ceph-osd1.log 文件为 osd1 进程对应的日志文件。

任何节点出现异常时，先查看日志，根据日志定位问题。

（3）Ceph 节点的安装信息文件

/var/lib/ceph/ 中有 mon、osd、mds 等文件夹，以 bootstrap 命名的文件夹尽量不要动。根据节点角色的不同，相关节点的核心配置文件会分布在不同的文件夹中。

- ❏ mon 文件夹中存放的是 Monitor 节点的安装信息。如果这些信息删除了，节点将不能工作，需要重新添加节点。但是，删除节点的操作绝不是删除这个文件夹，否则会导致系统异常。
- ❏ osd 文件夹中存放的是 OSD 节点的安装信息。文件夹中的子文件夹对应磁盘信息，即对应每个 osd 子文件夹下的 keyring，轻易不要改动。
- ❏ mds 文件夹中存放的是 MDS 节点的安装信息。

13.6　使用 Ceph 集群的注意事项

在使用 Ceph 集群的过程中注意以下事项，以避免不必要的误操作。

- ❏ /etc/ceph/ceph.conf 文件尽量不要改动，否则会出现严重问题，除非你明确知道改动的后果。
- ❏ /var/lib/ceph/* 文件尽量不要改动，除非你非常明确改动的后果。
- ❏ RBD 测试后不要再执行挂载等操作。
- ❏ 删除和添加 OSD 时要慎重，需要注意 CRUSH Map 也要一并操作。
- ❏ 不要同时关闭 3 个 Monitor，否则将导致集群不能写入数据。
- ❏ cephfs_metadata 和 cephfs_data 一定不要删除。它们是 CephFS 的资源池，如果删除，CephFS 保存的数据将全部丢失。

13.7　本章小结

本章提供了几种故障定位方法。你在使用 Ceph 集群时，难免会遇到各种各样的问题。为了快速找到问题的原因，Ceph 提供了很多日志文件，其中全面记录了 Ceph 使用过程中出现的问题。你可以查看日志文件获取定位问题的依据。同时，本章将 Ceph 的常见故障进行分类，并对不同类型的故障概括性地给出可能原因。本章并不涵盖所有的 Ceph 故障，更多是给读者一定的思路启发。

Ceph 应用

在掌握了 Ceph 的原理和基本使用方法后，接下来讲解 Ceph 在主流平台的应用。在云计算领域，最具代表性的平台为 IaaS 和 PaaS。其中，IaaS 平台主要解决了平台基础资源异构化问题，主要是通过平台化方式提供统一的计算环境，通过模块化方式管理计算、内存、存储、网络等资源，其扩展性较为灵活。PaaS 平台主要面向应用开发，提供了更友好的开发平台，而且以容器方式运行的应用管理更加轻量化，资源使用更少。PaaS 平台的集成能力更强，其应用服务及负载均衡由平台管理，扩容方法更加灵活。同时，作为云平台建设的核心，IaaS 和 PaaS 平台的计算是分布式的，那么存储势必对灵活性要求更高。对于分布式存储的 Ceph 而言，其已经成为众多企业的标准后端存储。

此部分内容主要围绕主流 Ceph 应用场景展开，涵盖以网盘方式集成 Ceph、IaaS 平台以 OpenStack 集成 Ceph、PaaS 平台以 OpenShift 集成 Ceph。通过介绍这三种主流场景，掌握在不同场景下集成 Ceph 的方法，为企业使用 Ceph 提供必要的参考依据。

搭建开源企业网盘

通常，企业内部数据要集中管控。随着移动办公的流行，企业内部需要一个资料共享平台。而网盘正是解决这个需求的较好方案。试想你在工作中遇到以下几种场景会怎么做。

❑ 客户要的合同文件都在公司电脑，回去取来不及。

❑ 领导让准备的演讲材料太多，邮件发不过去。

❑ 同事给的文档着急确认，但身边只有手机。

❑ 电脑空间不足，公司要求重要文件不能随便存储在云端。

❑ 半夜在家，接到故障告警通知，需要及时处理线上问题，赶过去来不及。

企业网盘可以帮助解决上述问题。Ceph 可以作为网盘的后端存储，实现数据的分布存储并保证数据的可靠性。

14.1　开源企业网盘 ownCloud

ownCloud 是一款开源文件同步、共享和内容协作的软件，提供了社区版和企业版，可以让团队在任何地方、任何设备上轻松处理数据。其具有如下特点。

（1）灵活、安全地共享数据

ownCloud 能够安全地存储文件并将其提供给相关人员。它为所有文件存储创建一个访问点，使查找信息、管理权限和跟踪使用情况变得容易。

ownCloud 虚拟文件系统（VFS）允许用户同步整个目录树。它会同步虚拟文件，包括有关文件的类型、大小和日期的元数据，仅在需要时才传输完整文件。

（2）多客户端协作

ownCloud 通过适用于 iOS 和 Android 的强大应用程序来实现移动办公。其提供了企业级的安全性，并且可以离线存储文件和文件夹。

ownCloud 配备了功能全面的 Web 应用程序，可确保在新设备和新系统上获得良好的用户体验。它可以与基于浏览器的 Office 套件（如 Collabora、ONLYOFFICE 和 Microsoft Office Online Server）很好地集成，保证用户的工作效率。

（3）支持多种外部存储

ownCloud 支持将外部存储服务和设备挂载为自身辅助存储设备，比如 AmazonS3、FTP、Google Drive、OpenStack Swift、SMB/CIFS 等。

14.2　开源企业网盘部署架构

本节介绍开源企业网盘架构的设计、软硬件的推荐部署方式以及如何保证生产的高可用性。

14.2.1　网盘架构设计考虑因素

设计企业网盘架构时，我们需要从以下几个方面考虑，以满足企业需求。

- ❏ 高可用性：网盘的各组件需要满足高可用性，避免单点故障，以保证网盘业务服务的持续性。
- ❏ 容量与性能：网盘提供的数据存储的容量可以满足业务需求，同时需要在性能方面满足多用户并发访问需求。

❏ 可扩展性：随着数据存储持续增长，我们需要考虑未来三到五年的数据存储量，以便安全地扩展网盘容量。

❏ 安全性：为了保证数据完整性和可用性，我们需要考虑进行数据备份，同时需要考虑用户间的数据隔离，以防数据泄露。

14.2.2 网盘架构的软硬件设计

硬件规格如表 14-1 所示。

表 14-1 硬件规格

服务器	CPU	内存	磁盘	网卡	服务器数量	备注
Ceph OSD	Intel E5-26xx v3	128G DDR4	SAS8T * 12 SSD-400GB * 4	双万兆网口	5	Ceph OSD
Ceph MON/RGW/CephFS	Intel E5-26xx v3	64G DDR4	SAS 900G * 2 SSD-400GB * 2	双万兆网口	2	MON/RGW/CephFS 部署复用
OwnCloud	Intel E5 26xx v3	64G DDR4	SAS 900G * 2 SSD-400GB * 2	双万兆网口	2	ownCloud 云盘服务器
OwnCloud database	Intel E5 26xx v3	64G DDR4	SAS 900G * 2 SSD-400GB* 2	双万兆网口	2	复用现有的 MySQL(性能优)，或者与 ownCloud 共享（性能差）
Haproxy	Intel E5 26xx v3	32G DDR4	SAS 900G* 2 SSD-400GB* 2	双万兆网口	2	复用现有环境的 F5 或者 VM * 2

软件环境如表 14-2 所示。

表 14-2 软件环境

操作系统	RHEL7.8 x86_64
Ceph	rhceph-4.0
ownCloud	9.1.0

14.2.3 部署架构

这里提供两种对接 ownCloud 的方式，即 CephFS、Ceph 对象网关。

1）CephFS 对接 ownCloud 的部署架构如图 14-1 所示。

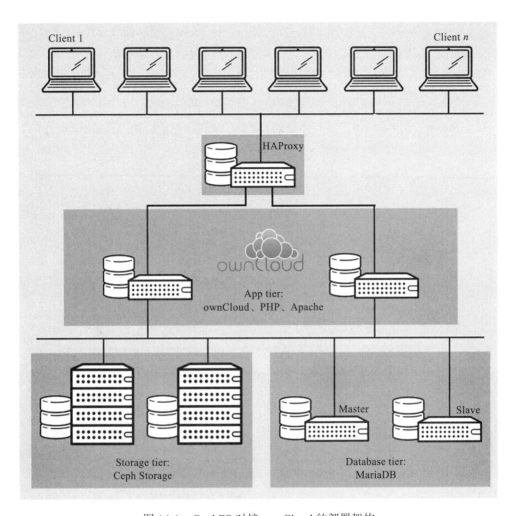

图 14-1　CephFS 对接 ownCloud 的部署架构

该部署架构说明如下。

❑ HAProxy：提供应用的负载均衡器，此服务器负责 ownCloud 的负载均衡。

❑ 应用服务器：Apache HTTP 服务、PHP 服务以及 ownCloud 的应用服务器。服务器提供网盘的对外服务，充当多 ownCloud 应用服务器。

❑ 数据库集群：ownCloud 是一个 PHP 形式的 Web 应用，支持 PHP 应用的后台是一个数据库。数据库中存储了用户信息、用户共享文件信息、插件应用状态和 ownCloud 用来加速文件访问的缓存，所以对这部分数据要做数据库集群，以保证 ownCloud 的用户信息和缓存的重要资源不丢失和系统持续工作。

❑ Ceph 存储：ownCloud/data/ 文件中存放了用户数据（图片、视频文件等）和 ownCloud 的运行日志。如果想使用 Ceph 对象存储作为主存储，则需要使用企业版 ownCloud。Ceph 对象存储作为主存储的其他的解决方案还未验证。如果使用 CephFS，可以直接将其挂载到 Ceph 系统中，但需要额外安装 Ceph 元数据管理服务器，或者将块存储作为 ownCloud 的主存储。

2）Ceph 对象网关对接 ownCloud 的部署架构如图 14-2 所示。

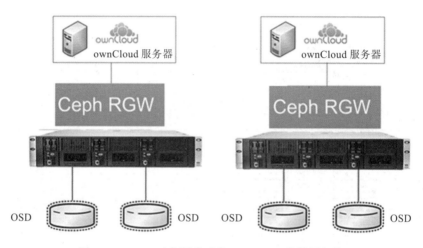

图 14-2　Ceph 对象网关对接 ownCloud 的部署架构

说明：ownCloud 前端应用服务器的负载均衡方式请参考图 14-1。图 14-2 与图 14-1 的主要区别在于底层对接 Ceph 时，图 14-2 中 ownCloud 使用 Ceph 对象网关与 Ceph 集群进行通信，而图 14-1 中 ownCloud 使用 Ceph MDS 对 CephFS 进行数据访问。只在访问方式上有所区别，逻辑架构都与图 14-1 相同。

14.3　ownCloud 集成 Ceph

ownCloud 的安装配置超出本书介绍范围，请读者参考 ownCloud 官网文档（https://ownCloud.com/docs-guides/）。

14.3.1　集成前的准备工作

在部署网盘前，需要提前按架构设计部署好 Ceph 集群，并安装 CephFS 和 Ceph 对象网关，步骤如下。

1）安装 ceph-mds 服务软件包，执行命令：yum install -y ceph-mds。

2）修改 /etc/ceph/ceph.conf，并添加如下内容。

```
[mds]
  mds data = /var/lib/ceph/mds/mds.0
  keyring = /var/lib/ceph/mds/mds.0/mds.0.keyring
[mds.0]
  host = {mds-hostname}
```

3）创建密钥目录。

```
sudo mkdir /var/lib/ceph/mds/mds.0
```

4）创建用户和密钥。

```
sudo ceph auth get-or-create mds.0 mds 'allow ' osd 'allow *' mon 'allow
    rwx' > /var/lib/ceph/mds/mds.0/mds.0.keyring
systemctl restart ceph-mds.target
systemctl enable ceph-mds.target
systemctl enable ceph-mon@0
systemctl start ceph-mon@0
```

部署对象网关请参照第 7 章。

14.3.2　集成 Ceph

以下提供了 Ceph 对接 ownCloud 的方法。

ownCloud 的存储模式有两种。

1）主存储（Primary Storage）：默认 owncloud/data 作为 ownCloud 的主存储设备目录，即所有的用户数据默认保存在 owncloud/data 下。

2）副存储（Secondary Storage）：ownCloud 支持多种外部存储，包括 AmazonS3、Dropbox、FTP、Google Drive、OpenStack swift、SFTP、SMB、CIFS、WebDAV 等。如果要开启外部存储，需要添加"外部存储"应用。

1. 挂载 CephFS

ownCloud 准备部署在 /var/www/html/ 路径下，在两台 ownCloud 服务器上执行如下命令。

```
yum install -y ceph-common
mount -t ceph 192.168.122.88:6789,192.168.122.90:6789,192.168.122.92:6789:
/ /var/www/html -o name=admin,secret=AQBpcyFYfKAJAhAArCIwsFh8p4SeNvBND6JpRw
==,noatime
```

使用 6789 端口的 3 台服务器的 IP 为 Ceph Monitor 的 IP，请根据实际环境修改。"secret=AQBpcyFYfKAJAhAArCIwsFh8p4SeNvBND6JpRw==" 为 Admin 用户的密钥。从安全角度考虑，建议使用普通用户。

2. 添加"外部存储"应用

1）单击"个人"下拉菜单，然后单击"+应用"按钮，如图 14-3 所示。

图 14-3　"+应用"按钮

2）切换到应用菜单后，找到 External storage support，单击"开启"按钮，如图 14-4 所示。

3）回到管理菜单，点击"外部存储"按钮，然后在页面右侧输入目录名称，并选择 Amazon S3 选项，如图 14-5 所示。

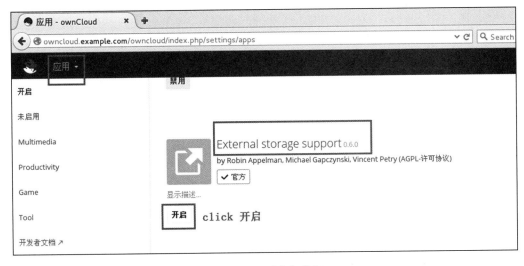

图 14-4　"开启"按钮

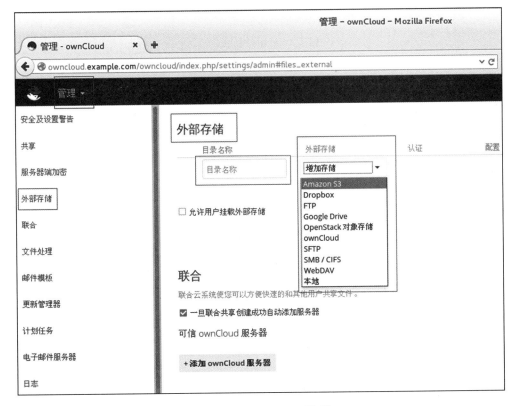

图 14-5　Amazon S3 选项

4）输入 S3 access key/S3 secret key/Bucket name，另外需要在 Hostname 处输入 Ceph 对象网关的主机地址（或 VIP）以及端口。建议使用 SSL 加密访问，如图 14-6 所示。

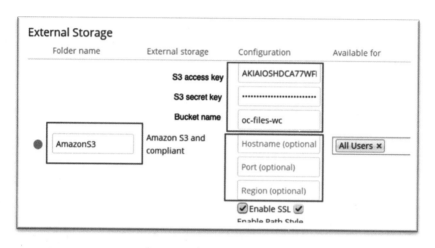

图 14-6　Ceph 对象网关信息

14.4　本章小结

企业网盘也是企业办公中常见的工具之一。在企业网盘建设过程中，建议提前做好充分的准备工作，整体规划是重要的前提。

本章内容偏重于集成，用户在实际应用中需要考虑数据备份和恢复方案。书中使用的 ownCloud 版本偏老，实际应用时需要根据新版特性和配置进行调整。

如果你使用的是其他网盘解决方案，需要提前识别企业网盘的数据类型和数据存储位置。这样在与 Ceph 对接的过程中，才知道对接 Ceph 的哪种存储接口更合适。

Ceph 集成 OpenStack

OpenStack 作为 IaaS 云建设中的主流开源方案已经被全球很多企业采用。其后端使用率最高的存储为 Ceph，因此本章将以 OpenStack 为例，将其不同模块与 Ceph 的不同存储接口进行对接，全面实现分布式云计算，提供更优的后端数据存储安全能力。

15.1　OpenStack 简介

考虑到部分读者没有使用过 OpenStack，或者不确定其主要提供的能力，本节将概括性地介绍 OpenStack 的相关组件。

15.1.1　OpenStack 与云计算

OpenStack 是实现云计算系统源代码开放的集成服务平台。它允许用户通过统一的 Web 界面在数据中心将托管的公有或私有云以自助的方式配置操作计算、存储和网络资源。作为管理员，你可以使用统一的仪表板来管理和监控云计算的相关操作。

Ceph 可以提供可扩展的存储解决方案。该解决方案可以通过不同的方式集成到 OpenStack 中，从而替代或扩展 OpenStack 服务。这可以让你更有效地操作云计算基础架构。

15.1.2 OpenStack 组件简介

OpenStack 平台被实现为一组交互服务的集合。这些交互服务控制计算、存储和网络资源。图 15-1 为 OpenStack 组件架构示意图。

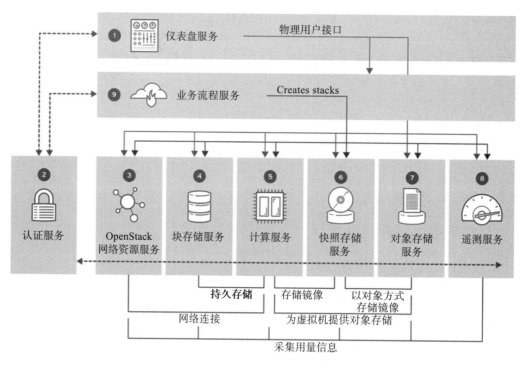

图 15-1 OpenStack 组件架构

1. OpenStack 核心服务

（1）仪表盘服务（Horizon）

该服务为启动实例、管理网络和设置访问控制等操作提供了图形界面。

（2）身份服务（Keystone）

该服务负责创建和管理用户、角色与项目。身份服务使用以下两个功能进行身份验证。

1）用户：Keystone 服务验证传入的请求是由合法用户发出的。根据他们在项目中的角色，可以为其分配令牌，以访问相应的资源。

2）项目：项目是一组资源（包括用户、镜像、实例、网络、卷等）的集合。Keystone 项目与 Red Hat OpenStack Platform 早期版本中使用的租户功能等效。它们帮助隔离或分组对象。根据不同的服务提供商，项目可以映射到对应的客户、组织或环境。

（3）网络服务（Neutron）

网络服务是软件定义的服务，可帮助创建网络、子网、路由器和浮动 IP 地址。OpenStack 网络支持 Cisco 虚拟和物理交换机、Open vSwitch 等的插件和代理。OpenStack 网络支持创建高级虚拟网络拓扑项目，包括防火墙、负载平衡器和虚拟专用网络。

（4）块存储服务（Cinder）

块存储服务管理虚拟机的存储卷。这是计算服务中运行的持久块存储实例。

（5）计算服务（Nova）

计算服务管理在节点上运行的实例（虚拟机），按需提供虚拟机。它是一种分布式服务，可与 Keystone 结合进行身份验证，与镜像服务进行镜像交互以及与仪表盘服务进行 Web 界面交互。计算服务与 Libvirtd、Qemu 和 KVM 集成可用于管理虚拟机程序。

（6）镜像服务（Glance）

镜像服务充当虚拟机镜像的注册表，允许用户复制虚拟机镜像用作即时存储。设置新实例时，这些镜像可用作模板。

（7）对象存储服务（Swift）

对象存储服务提供了对象存储，允许用户存储和检索文件。其架构是分布式的，以便水平伸缩并提供冗余，以防故障。

（8）遥测服务（Ceilometer）

遥测服务提供用户级的使用情况数据。这些数据用于支撑客户计费、系统监视或警报等功能模块的工作。它可以从 OpenStack 服务发送的通知中收集数据，例如计算使用事件或通过轮询 OpenStack 基础结构资源收集数据。

（9）编排服务（Heat）

编排服务通过 RESTful API 和与 Cloud Formation 兼容的查询接口来使用 Amazon Web Services（AWS）Cloud Formation TM 模板编排多个复合云应用程序。

2. OpenStack 其他服务

OpenStack 还有其他附加的服务。这些服务是可选的，可以与其他核心服务一起使用。

（1）密钥管理服务（Barbican）

密钥管理服务提供了使用 RESTful API 进行安全存储以及密码、加密密钥管理的访问。密钥管理服务可以与 Castellan 集成在一起，提供密钥管理服务和其他 OpenStack 功能。Castellan 是由密钥管理服务开发的通用密钥管理器，可以用于镜像签名验证和卷加密。

（2）OpenStack 部署服务（TripleO）

OpenStack 部署服务旨在以自己的服务为基础来安装、升级和操作 OpenStack 云平台。它使用 Nova、Neutron、Heat 以及其他编排工具（例如 Chef 或 Puppet）实现自动化管理，包括横向扩展和纵向扩展。

（3）裸金属供应服务（Ironic）

裸金属供应服务是一个 OpenStack 项目，提供了与虚拟机相反的物理硬件管理。它提供了多种驱动程序，例如 PXE 和 IPMI，支持很多硬件，还允许添加特定供应商的驱动程序。

（4）数据处理服务（Sahara）

数据处理服务旨在为用户提供一种在 OpenStack 上预配置数据处理集群（例如 Hadoop、Spark 和 Storm）的简单方法。

（5）共享文件系统服务（Manila）

共享文件系统服务提供了对共享文件系统的管理。共享文件系统服务可以配置为由一个或多个后端提供远程文件系统访问，可以配置为在单节点后端或跨多个节点运行。你可以使用共享文件系统服务创建、安装、读取和写入远程文件。共享文件系统服务使用 NFS 和 CIFS 协议的共享文件系统。

15.1.3　OpenStack 与 Ceph 集成

Ceph 存储可以通过多种方式，包括块存储、镜像存储、文件存储、对象存储与 OpenStack 集成。

（1）块存储

OpenStack 块存储提供了有关块存储的抽象，允许不同的供应商通过驱动程序进行集成。OpenStack 块存储可以使用 Ceph 的 RADOS 块设备来管理块存储。在 Ceph 中，每个存储池都映射到不同的块存储后端。你可以将块存储作为 RBD Mirror 存储在池中。

（2）镜像存储

OpenStack 镜像服务将镜像存储在本地。设置实例后，将本地存储的镜像复制到计算节点。与 Ceph 集成后，OpenStack 镜像服务将使用 Ceph 的 RADOS 块设备来存储镜像。创建镜像时，我们可将其作为 RBD 镜像存储在 Ceph 中。由于镜像存储在 Ceph 集群中而不是在本地存储，因此大大减少了检索镜像的网络流量，并提高了性能。它还有助于将 OpenStack 实例从一台计算主机迁移到另一台计算主机。

（3）文件存储

允许 OpenStack 共享文件系统服务使用 CephFS 为虚拟机提供共享文件系统的服务。

（4）对象存储

Ceph 存储可以用作 OpenStack Swift 服务的替代产品。

15.2　Ceph 集成 OpenStack Glance

本节开始从 OpenStack 镜像模块入手，对接 Ceph RDB 设备，并介绍相关集成方法。以下的配置过程对于不同的 Ceph 版本差异不大。

15.2.1　OpenStack Glance 简介

OpenStack Glance 是用于存储操作系统镜像的 OpenStack 服务。Glance 使用 RESTful API 可以发现、注册和检索云实例镜像。Glance 通过 known_stores 参数支持多个后端存储，包括块存储、对象存储。

上面用于后端存储的每个选项都有几个可用的配置选项。/etc/glance/glance-api.conf 文件中的 default_store 参数定义默认的对象存储。默认情况下，它设置为将文件作为镜像存储在本地文件系统，示例如下。

```
[glance_store]
#
# From glance.store
#
#
# List of enabled Glance stores.
...output omitted...
stores = file,http,swift
# The default scheme to use for storing images.
...output omitted...
# Allowed values: file, filesystem, http, https, swift, swift+http,
   # swift+https, swift+config, rbd, sheepdog, cinder, vsphere
   #default_store = file
default_store = file
```

将文件作为镜像的存储选项有以下几个限制。

❑ 难以实现镜像的高可用性。

❑ 作为后端的一部分，无法使用镜像复制，需要使用外部解决方案，例如 DRBD、LVM 镜像或基于外部阵列的解决方案。

❑ 默认情况下，不具备伸缩性。

Ceph 为镜像服务提供了后端存储，允许 OpenStack 镜像服务将镜像存储在 Ceph 集群中，而不是 OpenStack 控制器节点的文件系统中。在计算节点故障时，将 Ceph 与镜像服务集成还有助于将实例从一台计算主机迁移到另一台计算主机。

Ceph 可以轻松地与 OpenStack 集成，并且数据可以本地复制。Ceph 提供的块存储和对象存储可以与 OpenStack 镜像服务对接。

1）将 Ceph 对象存储作为镜像服务存储。

OpenStack Glance 使用 Amazon S3 API 和 OpenStack Swift API 来存储镜像，因此可以将 Ceph 对象网关用作 OpenStack Glance 的后端存储。我们不建议这样使用，因为有以下几个缺点。

❑ 需要 Ceph RBD 写时复制。
❑ 转换时需要启动映像。
❑ 不能执行 RADOS Block Device Image 上的所有操作。

2）将 Ceph 块存储作为 Glance 存储。

由于 Ceph RBD 会克隆镜像而不是复制镜像，因此大大减少了拉取镜像的网络流量，并提高了性能。

15.2.2　配置 Ceph RBD 为镜像服务的后端存储

在将 Ceph RBD 设备配置为镜像服务的后端存储之前，必须部署合适的 Ceph 集群。部署 MON 和 OSD 时必须遵循 Ceph 官方推荐的配置。集群必须完全正常运行，并且报告的状态为 HEALTH_OK。而且，你需要使用 OpenStack 应用软件部署 OpenStack overCloud。部署 overCloud 后，可以集成现有的 Ceph 集群。

1. 准备 Ceph 存储集群

1）使用 ceph osd pool create 命令创建专用池。建议使用易于记忆的存储池名称。最重要的是，根据存储需求，单独的池可以使用单独的 rush_ruleset 设置，将池应用程序类型设置为 rbd。

```
[ceph@server ~]$ ceph osd pool create poolname pg_nums
[ceph@server ~]$ ceph osd pool application enable poolname rbd
```

2）使用带有 rbd 权限配置文件的 ceph auth get-or-create 命令为 OpenStack Glance 创建 Cephx 用户，使用 ceph auth list 命令列出创建的 Cephx 用户。

```
[ceph@server ~]$ ceph auth get-or-create username \
> mon 'profile rbd' osd 'profile rbd pool=poolname' \
> -o /etc/ceph/ceph.username.keyring
[ceph@server ~]$ ceph auth list
...output omitted...
client.images
key: BDE5dIVaDL22DhAAZ32oD7678giFkkXjQjZ/bc==
caps: [mon] profile rbd
caps: [osd] profile rbd pool=images
...省略...
```

3）将前面创建的用户名添加到 /etc/ceph/ceph.conf 配置文件中，并放在专门为镜像服务创建的用户下。

```
[username]
keyring = /etc/ceph/ceph.username.keyring
```

4）将与用户关联的 ceph.conf 配置文件和 keyring 文件部署到所有 OpenStack Glance 主机上，修改镜像服务组件关联 keyring 文件的权限。

```
[ceph@serverc ~]$ scp /etc/ceph/ceph.conf ceph@serverb:/etc/ceph/ceph.conf
    [ceph@serverc ~]$ scp /etc/ceph/ceph.client.images.keyring ceph@
    serverb:/etc/ceph/ ceph.client.images.keyring
[ceph@serverb ~]$ sudo chgrp glance /etc/ceph/ceph.username.keyring
[ceph@serverb ~]$ sudo chmod 0640 /etc/ceph/ceph.username.keyring
```

2. Ceph 存储与 OpenStack 平台配置

要将 RBD 配置为镜像服务的后端存储，请更新 /etc/glance/glance-api.conf 配置文件，并添加以下参数。

```
...省略...
[glance_store]
default_store = rbd
show_image_direct_url = True
stores = rbd
rbd_store_user = userid
rbd_store_pool = poolname
rbd_store_ceph_conf = path_to_ceph_configuration_file rbd_store_chunk_size = integer
...省略...
```

至此，Ceph 集成 OpenStack 镜像服务的配置完成，重启相关服务使配置生效。

注意　更多详细配置说明请参考 Red Hat 官方文档（https://access.redhat.com/documentation/ en-us/red_hat_ceph_storage/4/html/block_device_to_openstack_guide/configuring-openstack-to-use-ceph-block-devices#configuring-glance-to-use-ceph-block-devices_rbd-osp）。

15.3　Ceph 集成 OpenStack

本节从 OpenStack 块存储模块入手介绍对接 Ceph RBD 设备的方法。在生产环境下，不同版本的配置过程基本相同。

15.3.1　OpenStack 块存储服务介绍

OpenStack 块存储服务为用于云实例的虚拟机提供块存储。块存储服务提供了可以连接到云实例的持久性块存储设备。这些存储设备可能是可引导设备，也可能是不可引导设备。

镜像服务和块存储服务之间的区别在于，镜像服务用于存储虚拟机镜像，即安装了可引导操作系统的虚拟磁盘。这些虚拟机镜像可用于引导云映像。当云实例首次启动时，可以将镜像复制到临时磁盘或块存储设备中。

你可以将块存储服务配置为使用 Ceph 存储作为块设备的备用后端存储解决方案。它与 Ceph 的 RADOS 块设备集成在一起。只要运行此服务的主机可以访问 Ceph 集群，管理员就可以在任何地方使用块存储服务。

15.3.2　将 Ceph 存储与块存储集成

要将 RBD 配置为块存储的后端存储，你需要正确部署 Ceph，并按照推荐的做法部署 MON 和 OSD 节点。验证 Ceph 集群是否可以正常运行，状态是否为 HEALTH_OK。验证之后，执行以下步骤。

1）准备 Ceph。

2）准备 OpenStack 块存储。

3）准备 Libvirt。

1. 准备 Ceph

要使用 Ceph，块存储服务需要使用专用的池和用户进行身份验证。对于池，建议使用助记池名称，例如 volume 或 cinder。

块存储服务使用的 Cephx 用户必须有访问 profile rbd 的权限，以便访问存储池中的块设备。Cephx 用户还必须有 profile rbd 只读权限，以便访问存储池中的镜像。

另外，使用 ceph auth get-key username 命令获取 Cephx 用户的 keyring 文件，并将其存储在块存储节点上。keyring 文件必须归属于文件系统中块存储的用户和用户组，并且必须提供访问权限。

以下命令概述了块存储的池和 Cephx 用户的配置，并将 Cephx 用户的 keyring 文件复制到块存储节点。

```
[ceph@server ~]$ ceph osd pool create cinderpoolname 2x
[ceph@server ~]$ ceph auth get-or-create client.cinder \
> mon 'profile rbd' osd 'profile rbd pool=cinderpoolname,\
> profile rbd pool=vmspool, profile rbd-read-only pool=glancepoolname' \
> -o /etc/ceph/ceph.client.cinder.keyring
[ceph@server ~]$ ceph auth get-key client.cinder | \
> ssh cindernode tee client.cinder.key
[ceph@server ~]$ ssh root@cindernode
...省略...
[root@cindernode ~]# chown cinder:cinder /etc/ceph/ceph.client.cinder.keyring
[root@cindernode ~]# chmod 0640 /etc/ceph/ceph.client.cinder.keyring
```

在配置池和用户之后，将上面的 keyring 部分添加到 /etc/ceph/ceph.conf 文件中，并将创建的用户的用户名替换为 username 部分，如下所示。

```
[username]
keyring = /etc/ceph/ceph.client.cinder.keyring
```

将更新的 ceph.conf 文件和 keyring 文件部署到所有块存储主机上。

2. 准备 OpenStack 块存储

要将 Ceph 配置为块存储服务的后端存储，管理员必须：

1）使用 uuidgen 命令生成与 Libvirt 集成的 UUID。

2）在 /etc/cinder/cinder.conf 文件中编辑参数，将 Ceph 设置为 Cinder 的默认存储。

```
...省略...
volume_driver=cinder.volume.drivers.rbd.RBDDriver rbd_ceph_conf=/etc/ceph/
    ceph.conf rbd_pool=cinderpoolname
rbd_secret_uuid=UUID
rbd_user=cinder
...省略...
```

3）将 glance_api 参数设置为 2。

3. 准备 Libvirt

创建一个临时 XML 文件（在下面的示例中为 ceph.xml），为 Libvirt 配置用于 Cinder 的密钥。该文件中的 UUID 必须与块存储服务使用的 /etc/cinder/cinder.conf 文件中的 rbd_secret_uuid 相匹配。临时文件示例如下：

```
<secret ephemeral="no" private="no"> <uuid>UUID</uuid>
<usage type="ceph">
<name>client.cinder secret</name> </usage>
</secret>
```

使用 virsh secret-define 命令定义密钥：

```
[root@server ~]# virsh secret-define --file ceph.xml
```

定义密钥后，将与 UUID 关联的 Cephx 用户的密钥文件内容分配给 Libvirt Secret。要设置密钥值，请使用 virsh secret-set-value 命令。ceph auth get-key 命令用于提供所需密钥文件的内容。完成后，请同时删除密钥和 XML 文件，然后重新启动块存储服务。

```
[root@server ~]# virsh secret-set-value --secret UUID \
> --base64 $(cat client.cinder.key) \
> && rm client.cinder.key ceph.xml
[root@server ~]# systemctl restart cinder-volume
```

要在运行虚拟机的所有主机之间同步此配置，请在所有主机上复制 /etc/libvirt/secrets 文件，然后使用 systemctl restart libvirtd 命令在这些主机系统上重启 Libvirt。

4. 使用 Ceph RBD 配置临时存储

OpenStack 计算节点可以使用 Ceph RADOS 块设备通过 Libvirt 进行临时存储。在

/etc/nova/nova.conf 文件中的计算节点上执行以下配置。

```
[root@server ~]# cat /etc/nova/nova.conf [libvirt]
libvirt_images_type = rbd
libvirt_images_rbd_pool = novapoolname
libvirt_images_rbd_ceph_conf = /etc/ceph/ceph.conf libvirt_disk_cachemodes=
    "network=writeback"
rbd_secret_uuid=UUID
rbd_user=cinder
...省略...
hw_disk_discard = unmap
...省略...
```

5. 推荐做法

以下推荐的做法可以使排除计算节点故障更加容易，并且可以减少启动时间。

1）访问每个虚拟机管理套接字时，请使用 /etc/ceph/ceph.conf 文件中的管理套接字参数并配置管理套接字。

```
admin socket = /var/run/ceph/guests/$cluster-$type.$id.$pid.$cctid.asok
```

2）使用 /etc/ceph/ceph.conf 文件中的日志文件参数为虚拟机配置日志文件，创建日志目录，例如 /var/run/ceph/guests/ 和 /var/log/qemu/。将这些目录的权限设置为 qemu:libvirtd，然后重新启动虚拟机以使更改生效。

```
log file = /var/log/qemu/qemu-guest-$pid.log
```

如果将镜像和块存储服务都配置使用 Ceph RBD 存储，则以下操作可减少镜像写时复制实例的启动时间。

① 从 OpenStack 仪表板启动发布。
② 选择与写复制副本关联的镜像。
③ 从卷中选择启动。
④ 选择创建的卷。

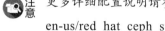 更多详细配置说明请参考 Red Hat 官方文档（https://access.redhat.com/documentation/en-us/red_hat_ceph_storage/4/html/block_device_to_openstack_guide/configuring-openstack-to-use-ceph-block-devices#configuring-cinder-to-use-ceph-block-devices_rbd-osp）。

15.4　使用 Ceph RGW 替换 OpenStack Swift

本节从 OpenStack 对象存储入手，介绍对接 Ceph RGW 设备的方法。在生产环境下，不同版本的配置过程基本相同。

15.4.1　OpenStack Swift 简介

OpenStack Swift 服务为 OpenStack 云平台提供了对象存储。Swift 提供了本机接口，供应用程序访问对象。Swift 服务通过 API 将用户身份验证委托给 OpenStack Keystone 服务。

OpenStack Swift 为大量的静态数据提供了一个长期的存储系统。OpenStack 对象存储使用存储节点集群来支持冗余的、可扩展的数据存储。对象被写入多个存储节点，并且可跨集群复制数据。如果存储节点发生故障，Swift 会将数据从活动节点复制到新节点。Swift 客户端通过代理服务器及 RESTful API 访问存储在这些存储节点的数据。

Swift 具有以下缺点。

❑ OpenStack Swift 服务仅通过接口来提供对存储的访问。与 Ceph 存储不同，它不可以作为块或文件的统一存储系统。

❑ OpenStack Swift 服务不能为 OpenStack 提供块存储，因为它只是一个对象存储。

❑ OpenStack 对象存储传输速度慢和延迟高。

15.4.2　用 Ceph RGW 替换 OpenStack Swift 的原理

Ceph RGW 使用 OpenStack Swift API 为应用程序提供对对象存储的访问，并且支持该 API 的大多数功能。此外，Ceph RGW 可以与 OpenStack Keystone 无缝集成，以获取用于身份验证的用户信息。

对于使用 OpenStack Swift 进行对象存储的应用程序，用 Ceph RGW 替换有许多优势。

❑ 优势 1：Ceph 的一个优点是它提供了统一的存储解决方案。Ceph 集群提供块、文件和对象存储，而 OpenStack Swift 服务只能提供对象存储。这意味着使用

Ceph，你只需部署和使用一个横向扩展存储系统即可满足所有存储需求。你可以使用一个统一的存储系统来管理镜像存储服务、块存储服务和 Swift 服务，从而减少学习的时间和管理开销。

❏ 优势2：与 OpenStack Swift 服务相比，Ceph RGW 对 Amazon S3 API 的支持更好。

Ceph 存储通过 RGW 提供 OpenStack Swift API 支持。该网关完全替代了 OpenStack Swift 代理服务。Swift 客户端使用 RESTful API 访问 RGW，并且连接到 Ceph 集群。RGW 可以使用 OpenStack Keystone 对用户（客户端）进行身份验证。然后，RGW 代表用户向 Ceph 集群发出连接请求，如图 15-2 所示。

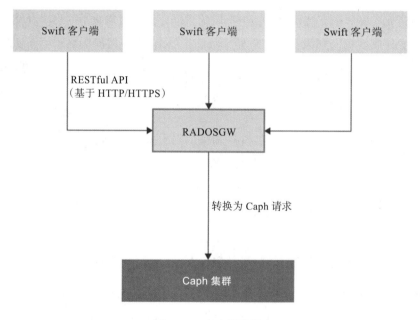

图 15-2　客户端访问

如果客户端请求超载，则 RGW 可能会成为性能瓶颈。为了避免这种情况发生，我们可以扩展 RGW，比如可以运行多个 RGW，在同一区域存储客户机以减轻客户端负载，也可以将这些客户端配置为在 RGW 服务器之间循环，或者配置到负载均衡器（例如 HAProxy 或 ldirectord），以便在正常 RGW 服务器之间自动平衡请求。这是非常有效的，因为 RESTful API 是无状态的，并且每个请求都是独立的，因此给客户端发出的每个请求建立一个单独的连接，然后在处理完成后关闭该连接。图 15-3 展示了多 RGW 连接。

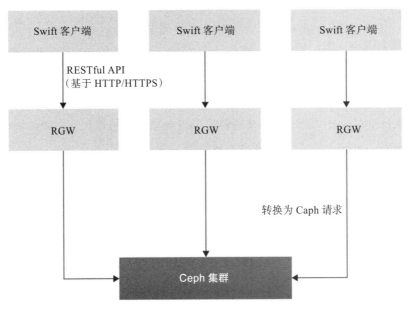

图 15-3　多 RGW 连接

15.4.3　替换 OpenStack Swift

以下条件必须满足，才能将 RGW 配置为替代 OpenStack Swift 服务。

❑ 按照 Ceph 集群推荐的做法部署 MON 和 OSD，并且在 HEALTH_OK 状态下运行。

❑ 已经部署好的集群使用 RGW 实例。

❑ 用于身份验证的 OpenStack Keystone 服务器必须在 RGW 实例可访问的范围内运行。

下面介绍 OpenStack Swift 与 RGW 的替换配置。

1. 配置 Keystone

OpenStack Keystone 是管理 OpenStack 用户身份验证和授权的服务。以下是有关

OpenStack Keystone 服务的一些配置信息。

❑ 默认情况下，Keystone 管理 API 在端口 35357 / TCP 上的运行。

❑ /etc/keystone/keystone.conf 文件包含 Keystone 管理令牌，提供对 Keystone 的访问。你可以使用 Admin 用户名和密码来访问 Keystone。

❑ 如果存在多个 RGW 实例，请通过将 Keystone 指向 RGW 或负载均衡器来配置对象存储的端点。

❑ Keystone 通过 TLS/SSL 证书提供对端点的安全访问。你可以在 /etc/keystone/ssl/certs/ca.pem 文件中找到自签名的 TLS 证书，也可以在 /etc/keystone/ssl/certs/signing_cert.pem 文件中找到自签名的 TLS 证书和密钥。

要替换 OpenStack Keystone，必须在 Keystone 中创建服务和端点。Keystone 服务和端点必须指向在 RGW 实例上配置的 Swift API 端点。

使用 OpenStack 服务和端点创建命令在 Keystone 中创建服务和端点：

```
[user@openstack ~(keystone_admin)]$ openstack service create \
> --description="Swift Service" --name swift object-store
...省略...
[user@openstack ~(keystone_admin)]$ openstack endpoint create --region
    RegionOne \ > --publicurl "http://radosgw:8080/swift/v1" \
> --adminurl "http://radosgw:8080/swift/v1" \
> --internalurl "http://radosgw:8080/swift/v1"
```

2. 配置 RGW

RGW 使用 OpenStack Keystone 服务对访问对象存储的 OpenStack 租户进行身份验证。要想将 RGW 配置为允许访问 Keystone，请使用以下设置更新 /etc/ceph/ceph.conf 文件，具体参数以实际配置为准。

```
[client.rgw.radosgw]
rgw_keystone_url = http://keystone-server:35357
rgw_keystone_admin_tenant = admin-tenant
rgw_keystone_admin_user = admin-user
rgw_keystone_admin_password = admin-password
rgw_keystone_accepted_roles = admin member swiftoperator
rgw_keystone_token_cache_size = 200
rgw_keystone_revocation_interval = 300
nss_db_path = /var/ceph/nss
```

运行 systemctl restart ceph-radosgw 命令以重新启动 RGW 服务。

为了确保 Ceph 对象网关可以与 OpenStack Keystone 一起使用，你需要将 Keystone 使用的 OpenSSL 证书文件从 PEM 格式转换为 NSS 格式，并存储在 Ceph 对象存储的数据库中。

以下序列使用 openssl x509 命令先将公共证书、CA 证书和服务证书传给 certutil 命令。该命令将把它们存储到 /var/ceph/nss 的证书数据库中。（证书数据库的位置由 /etc/ceph/ceph.conf 文件中的 nss_db_path 配置。）

```
[ceph@server ~]$ mkdir /var/ceph/nss
[ceph@server ~]$ openssl x509 -in /etc/keystone/ssl/cert/ca.pem -pubkey | \
> certutil -d /var/ceph/nss -A -n ca -t "TCu,Cu,Tuw"
[ceph@server ~]$ openssl x509 -in /etc/keystone/ssl/cert/signing_cert.pem -pubkey
| \
> certutil -d /var/ceph/nss -A -n signing_cert -t "TCu,Cu,Tuw"
```

15.5　本章小结

本章介绍了 Ceph 与 OpenStack 的镜像存储、块存储、Swift 的集成，且使用 HTTP 通信，实际生产中推荐使用 HTTPS 通信。Ceph 与镜像存储等的集成在实际应用中需要提前做好容量规划以及容灾等方案。

Ceph 集成 OpenShift

OpenShift 作为 PaaS 云建设的主流开源方案，全球市场占有率极高，已被很多企业采用。其后端存储支持多种类型，而 Ceph 的分布式特性能很好地解决 OpenShift 平台上运行的应用的数据同步问题，保证了数据的安全。因此，本章将以 OpenShift 为例，将其与 Ceph 的存储接口进行对接，全面实现云计算分布式存储，提供更优的后端数据安全存储能力。

16.1 OpenShift 支持的存储类型

考虑到部分读者没有使用过 OpenShift，或者不确定其主要提供的能力，本节将概括性地介绍 OpenShift 的相关组件。

16.1.1 OpenShift 简介

OpenShift 是 Red Hat 提供的企业级容器解决方案，对应的开源项目为 OKD（Origin Kubernetes Distribution）。OpenShift 基于 Docker 和 Kubernetes，提供了智能路由器、集成镜像仓库、用户管理、服务目录等功能，并增强了客户体验。更为重要的是，Red Hat 为 OpenShift 提供了强有力的产品生命周期支持，使企业客户可以放心使用。越来越多的客户选择 OpenShift 作为 PaaS。

Red Hat 提供的 OpenShift 既面向运维人员，又面向开发人员。在 Garnter 提出的容器的 4 个重要应用场景中，OpenShift 涵盖其中的敏捷开发、PaaS、微服务场景。

一言概之，OpenShift 是容器云解决方案和应用管理解决方案的结合。OpenShift 面向运维主要体现在能够保证 Pod（包含一个或多个容器）中运行的应用的高可用性，实现 Pod 的编排部署、弹性伸缩等。用户可将应用部署到容器中，实现容器云。

OpenShift 面向开发主要体现在源代码到镜像的直接生成（S2I）。OpenShift 通过镜像流跟踪镜像的变化，当开发者的代码更新并提交后，能自动触发镜像的生成，并使新的镜像生效。这个过程无须开发者和运维人员准备复杂的 Dockerfile 和各类繁杂的 Kubernetes 部署文件，大大缩短了客户应用开发的时间，从而帮助客户实现敏捷开发。用户可以直接基于 OpenShift，实现 CI/CD 甚至 DevOps。OpenShift 总体架构如图 16-1 所示。

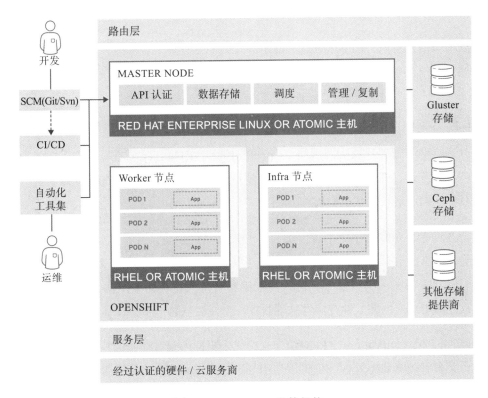

图 16-1　OpenShift 总体架构

16.1.2　Kubernetes 概述

尽管容器镜像和运行的容器是现代应用程序开发的主要构建块，但要大规模运行，则需要可靠且灵活的分发系统。Kubernetes 是编排容器事实上的标准。

Kubernetes 是一个开源容器编排引擎，用于容器化应用程序的自动化部署、扩展和管理。Kubernetes 的概念非常简单：从一个或多个工作节点开始运行容器工作负载；从一个或多个主节点管理这些工作负载的部署。

Kubernetes 将容器包装在 Pod 单元中，使用 Pod 为容器提供额外的元数据，并在单个部署实体中对多个容器进行分组。

Kubernetes 创建了特殊种类的资源，例如服务由一组 Pod 和定义访问方式的策略表示。即使容器中没有用于服务的特定 IP，此策略也可以使容器连接到所需的服务。复制控制器是另一项特殊资源，指示一次需要运行多少个 Pod 副本。你可以使用此功能自动扩展应用程序，以满足当前需求。

在短短的几年内，Kubernetes 见证了大规模的云计算平台部署。开源开发模型允许多人通过组件（例如网络、存储和身份验证）以不同的技术扩展 Kubernetes。

16.1.3　OpenShift 持久存储概述

管理存储与管理计算资源不同。OpenShift 使用 Kubernetes 持久性卷（PV）为集群提供持久性存储。开发者可以使用持久性卷声明（PVC）来请求持久性存储卷资源，而无须具体了解底层存储基础架构。

持久性卷声明归属于一个特定项目。开发人员可创建，并且通过 PVC 使用持久性存储卷。持久性存储卷资源本身并不归属于某一个项目，可以在整个 OpenShift 集群中共享，并可以被任何项目使用。持久性存储卷与持久性存储卷声明是一对一的绑定关系。这意味着绑定的持久性存储卷被限制在一个命名空间（绑定的项目）中。

PV 由 PersistentVolume API 对象定义，代表集群中现有存储的片段。这些存储片段可以由集群管理员静态置备，也可以使用 StorageClass 对象动态置备。它与一个节点一样，是一个集群资源。

持久性存储卷是卷插件，与 Volumes 资源类似，但持久性存储卷的生命周期独立于任何使用它的 Pod。持久性存储卷对象获取具体存储（NFS、iSCSI 或者特定 Cloud-provider 的存储系统）的实现。

16.1.4　OpenShift 支持的持久性存储卷类型

OpenShift 支持以下持久性存储卷。

❏ AWS Elastic Block Store（可以挂载 AWS 上的 EBS 数据盘）

❏ Azure Disk（可挂载 Azure 提供的数据盘）

❏ Azure File（可挂载 Azure 文件卷）

❏ Cinder（可挂载块存储设备）

❏ Fibre Channel（可挂载 FC 设备）

❏ GCE Persistent Disk（可挂载 Google GCE 磁盘）

❏ HostPath（可挂载本地目录）

❏ iSCSI（可挂载标准 iSCSI 存储）

❏ 本地卷（可挂载本地存储设备）

❏ NFS（可挂载 NFS 存储）

❏ OpenStack Manila（可挂载 OpenStack 共享文件存储）

❏ OpenShift Container Storage（可挂载 Red Hat OCS）

❏ VMware vSphere（可挂载 vSphere VMDK）

16.1.5　容器存储接口

容器存储接口（CSI）允许 OpenShift 平台使用支持该接口的后端存储提供的持久存储。CSI 方案可以简化容器存储过程，可以自动置备存储卷，并带来更多特性，如存储卷的快照回滚、备份等。

CSI 驱动程序通常由容器镜像提供。这些容器镜像不了解其运行的 OpenShift 容器平台。我们要在 OpenShift 中使用与 CSI 兼容的后端存储。集群管理员必须部署几个组件作为 OpenShift 和存储驱动程序间的桥接。

CSI 在 OpenShift 平台的工作架构如图 16-2 所示。

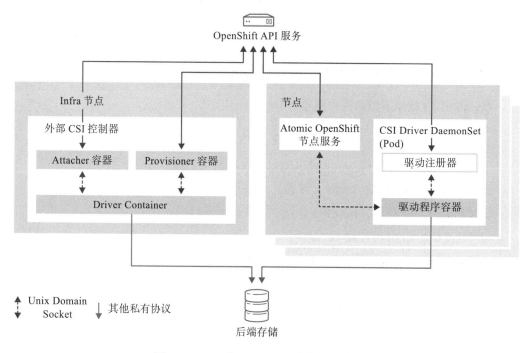

图 16-2 CSI 在 OpenShift 平台的工作架构

不同的后端存储可以运行多个 CSI 驱动程序。每个驱动程序需要其自身的外部控制器部署，以及带驱动程序和 CSI 注册器的 DaemonSet。

图 16-2 中，CSI 外部控制器部署了以下 3 个容器。

❑ 一个外部 CSI Attacher 容器：将 OpenShift 的 Attach 和 Detach 调用转换为相关的 CSI 驱动程序的 ControllerPublish 和 ControllerUnpublish 调用。

❑ 一个外部 CSI 置备程序容器：将 OpenShift 的 Provision 和 Delete 调用转换为相应的 CSI 驱动程序的 CreateVolume 和 DeleteVolume 调用。

❑ 一个 CSI 驱动程序容器：CSI Attacher 和 CSI Provisioner 容器使用 UNIX 域套接字与 CSI 驱动程序容器进行交互，确保从 Pod 以外无法访问 CSI 驱动程序。

在图 16-2 中，DaemonSet 在每个节点上运行一个 Pod，Pod 允许 OpenShift 挂载 CSI 驱动程序提供的存储，并作为持久性的工作负载。安装了 CSI 驱动程序的 Pod 包含以下容器。

❑ 一个 CSI 驱动程序注册器：它会在节点上运行的 openshift-node 服务中注册 CSI 驱动程序，在 openshift-node 服务中使用节点上可用的 UNIX 域套接字直接连接到 CSI 驱动程序。

❑ 一个 CSI 驱动程序：在节点上部署的 CSI 驱动程序应该在后端存储中有尽量少的凭证。OpenShift 只使用节点的 CSI 插件调用集合，如 NodePublish/NodeUnpublish 和 NodeStage/NodeUnstage。

16.1.6　OpenShift 容器存储简介

OpenShift 容器存储是软件定义的存储，已针对容器环境进行了优化，在 OpenShift 容器平台上作为 Operator 运行，为容器提供高度集成和简化的持久性存储管理。

OpenShift 容器存储支持多种存储类型，包括：

❑ 块存储数据库。
❑ 共享文件存储：用于持续集成，消息传递和数据聚合。
❑ 对象存储：用于归档、备份和媒体存储。

OpenShift 容器存储特性如下。

❑ Ceph 容器存储提供支持持久性的文件、块和对象存储。
❑ Rook.io 管理和编排持久性卷及其声明的置备。
❑ NooBaa 提供对象存储，其 Multicloud Object Gateway 支持跨多个云环境的数据联合。

OpenShift 容器存储架构如图 16-3 所示。

OpenShift 容器存储由 3 个主要的 Operator 组成。这些 Operator 对任务和自定义资源进行编排，以便更轻松地使任务和资源特征自动化。管理员定义了集群的最终状态，并且各种 Operator 可以在最少的管理员干预下确保集群处于该状态或接近该状态。

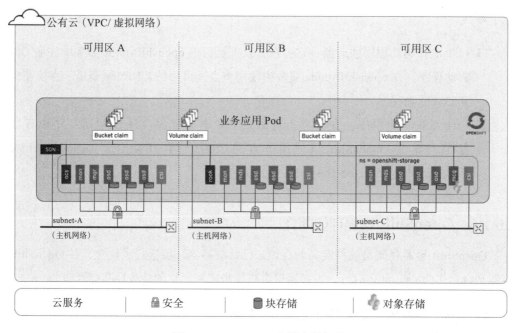

图 16-3　OpenShift 容器存储架构

OpenShift 容器存储使用以下 Operator。

❑ OpenShift 容器存储（OCS）Operator：该 Operator 提供了存储集群资源，包装了由 Rook-Ceph 和 NooBaa 运算符提供的资源。

❑ Rook-Ceph Operator：该 Operator 可以自动为容器应用程序提供持久性存储，并提供 OpenShift 容器平台的基础架构服务的打包、部署、管理、升级和扩展。它提供了 Ceph 集群资源，以及该资源管理托管的 Pod。这些 Pod 服务包括 Ceph 文件系统的对象存储守护进程、监视器和元数据服务器。

❑ NooBaa Operator：一种与 S3 兼容的对象存储服务，允许跨多个云环境访问资源。

关于 Openshift 和 Kubernetes 存储的详细内容，读者可以访问如下链接。

❑ https://kubernetes.io/zh/docs/concepts/storage/

❑ https://access.redhat.com/documentation/zh-cn/openshift_container_platform/4.2/html/storage/index

❑ https://access.redhat.com/documentation/en-us/red_hat_openshift_container_
storage/4.2/html-single/planning_your_deployment/index

16.2　OpenShift 与 Ceph 集成

OpenShift v3 与 OpenShift v4 集成 Ceph 的方式有所不同。OpenShift v4 的工作节点使用 RHCOS，默认不带 Ceph 客户端，使用 Ceph-CSI 来对接 Ceph 存储。OpenShift v3 的工作节点可选择 RHEL 或 Atomic-Host。而 Atomic-Host 可能自带 Ceph 客户端，也可能不带，需要另行安装。

16.2.1　OpenShift v3 与 Ceph RBD 集成

OpenShift v3 环境部署内容超出本书讨论范围，请读者提前准备 OpenShift v3 环境。

1）安装 RHEL 工作节点与 Ceph 客户端。

```
#  yum -y install centos-release-ceph-nautilus.noarch
#  yum -y install ceph-common
```

2）从 MON 节点复制 ceph.conf 和 keyring 文件到 RHEL 工作节点。

3）准备 RBD 映象。

```
# ceph osd pool create rbd 24
# rbd create rbd/ceph-image --size=2G
```

4）创建 Ceph Secret。

在 Secret 配置中定义授权密钥，然后将其转换为 base64，以供 OpenShift 使用。注意，secret 需要与持久性存储卷声明属于同一命令空间。

在 Ceph MON 节点上运行 ceph auth get-key，以显示 client.admin 的密钥值。

secret 文件中的 ceph-secret.yaml 内容如下。注意，替换 key 的 value 为实际值。

```
apiVersion: v1
kind: Secret
metadata:
  name: ceph-secret
```

```
data:
  key: QVFBOFF3S1ZheUJQRVJBQWgvS4cwT1laQUhPQno5akZwekxxdGc2PQ==
type: kubernetes.io/rbd

#  oc create -f ceph-secret.yaml
```

5）验证 secret。

```
# oc get secret ceph-secret
NAME             TYPE                    DATA      AGE
ceph-secret      kubernetes.io/rbd       1         10s
```

6）准备持久性存储卷，定义 ceph-pv.yaml 文件。

```
apiVersion: v1
kind: PersistentVolume
metadata:
  name: ceph-pv
spec:
  capacity:
    storage: 2Gi
  accessModes:
    - ReadWriteOnce
  rbd:
    Monitors:
      - 192.168.122.161:6789
      - 192.168.122.162:6789
      - 192.168.122.163:6789
    pool: rbd
    image: ceph-image
    user: admin
    secretRef:
      name: ceph-secret
    fsType: ext4
    readOnly: false
  persistentVolumeReclaimPolicy: Retain

# oc create -f ceph-pv.yaml
```

7）验证持久性存储卷。

```
# oc get pv
NAME       LABELS    CAPACITY      ACCESSMODES    STATUS      CLAIM     REASON      AGE
ceph-pv    <none>    2147483648    RWO            Available                         3s
```

8）准备持久性存储卷声明，定义 ceph-claim.yaml 文件。

```
kind: PersistentVolumeClaim
apiVersion: v1
metadata:
  name: ceph-claim
spec:
```

```
    accessModes:
      - ReadWriteOnce
    resources:
      requests:
        storage: 2Gi

# oc create -f ceph-claim.yaml
```

9）创建一个 Pod 验证挂载。

```
---

apiVersion: v1
kind: Pod
metadata:
  name: nginx-pod
spec:
  containers:
    - name: web-server
      image: docker.io/library/nginx:latest
      volumeMounts:
        - name: mypvc
          mountPath: /var/lib/www/html
  volumes:
    - name: mypvc
      persistentVolumeClaim:
        claimName: ceph-claim
        readOnly: false

# oc create -f nginx-pod.yaml
```

10）验证 Pod。

```
# oc get pod
NAME                       READY    STATUS    RESTARTS    AGE
pod/nginx-pod    1/1       Running   0           27s
```

16.2.2　Ceph-CSI 简介

Ceph-CSI 插件实现了 CSI 的容器编排集群与 Ceph 后端存储之间的连接。通过 Ceph-CSI 可以配置 Ceph 卷并将其附加到容器，为工作负载提供持久性存储。

从表 16-1 得知，Ceph-CSI 需要的 Ceph 集群版本为 14.0.0 及其以上，Kubernetes 版本为 1.14.0 及其以上。

表 16-1　Ceph-CSI 插件兼容列表

插件	功能	功能状态	CSI 驱动程序版本	CSI 规格版本	Ceph 集群版本	Kubernetes 版本
RBD	动态预置置备，取消预置备块模式的 RWO 卷	GA	1.0.0 版本及其以上	v1.0.0 及其以上	鹦鹉螺 14.0.0 及其以上	v1.14.0 及其以上
	动态置备，取消置备块模式的 RWX 卷	GA	1.0.0 版本及其以上	v1.0.0 及其以上	鹦鹉螺 14.0.0 及其以上	v1.14.0 及其以上
	动态置备，取消置备文件模式 RWO 卷	GA	1.0.0 版本及其以上	v1.0.0 及其以上	鹦鹉螺 14.0.0 及其以上	v1.14.0 及其以上
	从快照置备文件模式 ROX 卷	Alpha	3.0.0 版本及其以上	v1.0.0 及其以上	鹦鹉螺 14.2.2 及其以上	v1.17.0 及其以上
	从另一个置备文件模式 ROX 卷	Alpha	3.0.0 版本及其以上	v1.0.0 及其以上	鹦鹉螺 14.2.2 及其以上	v1.16.0 及其以上
	从快照置备块模式 ROX 卷	Alpha	3.0.0 版本及其以上	v1.0.0 及其以上	鹦鹉螺 14.2.2 及其以上	v1.17.0 及其以上
	从一个置备块模式 ROX 卷	Alpha	3.0.0 版本及其以上	v1.0.0 及其以上	鹦鹉螺 14.2.2 及其以上	v1.16.0 及其以上
	创建和删除快照	Alpha	1.0.0 版本及其以上	v1.0.0 及其以上	鹦鹉螺 14.0.0 及其以上	v1.17.0 及其以上
	从快照创建建卷	Alpha	1.0.0 版本及其以上	v1.0.0 及其以上	鹦鹉螺 14.0.0 及其以上	v1.17.0 及其以上
	从另一卷创建建卷	Alpha	1.0.0 版本及其以上	v1.0.0 及其以上	鹦鹉螺 14.0.0 及其以上	v1.16.0 及其以上
	扩大卷	Beta	2.0.0 版本及其以上	v1.1.0 及其以上	鹦鹉螺 14.0.0 及其以上	v1.15.0 及其以上
	指标支持	Beta	1.2.0 版本及其以上	v1.1.0 及其以上	鹦鹉螺 14.0.0 及其以上	v1.15.0 及其以上
	拓扑感知置备支持	Alpha	2.1.0 版本及其以上	v1.1.0 及其以上	鹦鹉螺 14.0.0 及其以上	v1.14.0 及其以上
CephFS	动态置备，取消置备文件模式 RWO 卷	Beta	1.1.0 版本及其以上	v1.0.0 及其以上	鹦鹉螺 14.2.2 及其以上	v1.14.0 及其以上
	动态置备，取消置备文件模式 RWX 卷	Beta	1.1.0 版本及其以上	v1.0.0 及其以上	鹦鹉螺 14.2.2 及其以上	v1.14.0 及其以上
	动态配置，取消配置文件模式 ROX 卷	Alpha	3.0.0 版本及其以上	v1.0.0 及其以上	鹦鹉螺 14.2.2 及其以上	v1.14.0 及其以上
	创建和删除快照	Alpha	3.1.0 版本及其以上	v1.0.0 及其以上	章鱼 15.2.3 及其以上	v1.17.0 及其以上
	从快照创建建卷	Alpha	3.1.0 版本及其以上	v1.0.0 及其以上	章鱼 15.2.3 及其以上	v1.16.0 及其以上
	从另一卷创建建卷	Alpha	3.1.0 版本及其以上	v1.0.0 及其以上	章鱼 15.2.3 及其以上	v1.15.0 及其以上
	扩大卷	Beta	2.0.0 版本及其以上	v1.1.0 及其以上	鹦鹉螺 14.2.2 及其以上	v1.15.0 及其以上
	指标	Beta	1.2.0 版本及其以上	v1.1.0 及其以上	鹦鹉螺 14.2.2 及其以上	v1.15.0 及其以上

16.2.3　OpenShift v4 与 Ceph-CSI 集成

Ceph-CSI 提供了独立的插件来支持使用 RBD 和 CephFS 作为后端卷。OpenShift v4 的环境部署超出本书讨论范围，请读者提前准备 OpenShift v4 环境。

1. 使用 Ceph-CSI RBD 插件

1）准备 RBD 存储池。

```
# ceph osd pool create rbd 24
```

在 Ceph MON 节点上运行 ceph auth get-key 命令，以显示 client.admin 的密钥值，以便后续创建 Secret 时使用。你可以创建单独的用户访问 RBD，具体参考前面用户创建与授权；也可以使用 ceph mon dump 命令获取 Ceph 集群的 fsid 以及 MON 节点地址信息。

2）下载 Ceph-CSI。

```
# cd ~
# git clone https://github.com/ceph/ceph-csi.git
# cd ceph-csi/deploy/rbd/kubernetes
```

3）准备部署 Ceph-CSI，创建部署插件的命名空间。

```
# oc new-project ceph-csi
```

4）创建配置项。

```
# oc apply -f - <<EOF
apiVersion: v1
kind: ConfigMap
data:
  config.json: |-
[
    {
        "clusterID": "f99134e9-c5fb-4917-b7e5-372ab4d6a8f0",
        "Monitors": [
            "192.168.122.161:6789",
            "192.168.122.162:6789",
            "192.168.122.163:6789"
        ]
    }
]
metadata:
  name: ceph-csi-config
```

```
    namespace: ceph-csi
EOF
```

5）创建 Ceph Secret。

```
# oc apply -f - <<EOF
apiVersion: v1
kind: Secret
metadata:
  name: csi-rbd-secret
  namespace: ceph-csi
stringData:
  userID: admin
  userKey: QVFBOFF3SlZheUJQRVJBQWgvS4cwTllaQUhPQno5akZwekxxdGc2PQ==
EOF
```

6）创建 RABC 系统，默认使用 default 命名空间，需要在创建前替换 default 命名空间为 Ceph-CSI。

```
# sed -i "s/namespace:.*/namespace: ceph-csi/g" csi-nodeplugin-rbac.yaml
# sed -i "s/namespace:.*/namespace: ceph-csi/g" csi-provisioner-rbac.yaml
# oc apply -f csi-provisioner-rbac.yaml
# oc apply -f csi-nodeplugin-rbac.yaml
```

7）插件运行需要 privilege 权限，所以要调整 SCC。

```
# oc adm policy add-scc-to-user privileged system:serviceaccount:ceph-
csi:rbd-csi-nodeplugin
# oc adm policy add-scc-to-user privileged system:serviceaccount:ceph-
csi:rbd-csi-provisioner
```

8）部署 Ceph-CSI RBD 插件。

部署 RBD 插件需要连接外网，默认使用 quay.io 和谷歌镜像仓库。如果不能访问外网，可以提前下载，然后上传到 OpenShift 镜像仓库，并修改镜像仓库地址。

```
# oc apply -f csi-rbdplugin-provisioner.yaml
# oc apply -f csi-rbdplugin.yaml
```

9）查看 csi-rbdplugin 和 csi-rbdplugin-provisioner pod 是否正常拉起。

```
# oc get pod -n ceph-csi
NAME                                          READY  STATUS   RESTARTS AGE
pod/csi-rbdplugin-8gplt                       3/3    Running  0        4m
pod/csi-rbdplugin-a2rwf                       3/3    Running  0        4m
pod/csi-rbdplugin-provisioner-76897b235d-34867 6/6   Running  0        4m
pod/csi-rbdplugin-provisioner-76897b235d-fe3kj 6/6   Running  0        4m
pod/csi-rbdplugin-provisioner-76897b235d-hje3n 6/6   Running  0        4m
pod/csi-rbdplugin-r3edb                       3/3    Running  0        4m
```

10）验证 Ceph-CSI RBD 插件。

11）创建 StorageClass。

```
# oc apply -f - <<EOF
apiVersion: storage.k8s.io/v1
kind: StorageClass
metadata:
    name: csi-rbd-sc
provisioner: rbd.csi.ceph.com
parameters:
    clusterID: f99134e9-c5fb-4917-b7e5-372ab4d6a8f0
    pool: rbd
    csi.storage.k8s.io/provisioner-secret-name: csi-rbd-secret
    csi.storage.k8s.io/provisioner-secret-namespace: ceph-csi
    csi.storage.k8s.io/node-stage-secret-name: csi-rbd-secret
    csi.storage.k8s.io/node-stage-secret-namespace: ceph-csi
reclaimPolicy: Delete
mountOptions:
    - discard
EOF
```

12）切换项目，以便运行 Pod。

```
# oc project default
```

13）创建持久性存储卷声明。

```
# oc apply -f - <<EOF
apiVersion: v1
kind: PersistentVolumeClaim
metadata:
  name: rbd-pvc
spec:
  accessModes:
    - ReadWriteOnce
  volumeMode: Filesystem
  resources:
requests:
storage: 2Gi
  storageClassName: csi-rbd-sc
EOF
```

14）创建 Pod。

```
oc apply -f - <<EOF
apiVersion: v1
kind: Pod
metadata:
  name: csi-rbd-demo-pod
spec:
```

```
      containers:
        - name: web-server-rbd
          image: docker.io/library/nginx:latest
          volumeMounts:
            - name: www-data
              mountPath: /var/lib/www/html
      volumes:
        - name: www-data
          persistentVolumeClaim:
            claimName: rbd-pvc
            readOnly: false
EOF
```

15）使用 oc get pod 及 oc get pvc 命令查看 Pod 中映射的持久性存储设备。

2. 使用 Ceph-CSI CephFS 插件

1）准备部署，文件切换到 ceph-csi/deploy/cephfs/kubernetes。

```
# cd ~/ceph-csi/deploy/cephfs/kubernetes
```

2）创建 RABC 系统，默认使用 default 命名空间，需要在创建前替换 default 命名空间为 Ceph-CSI。

```
# sed -i "s/namespace:.*/namespace: ceph-csi/g" csi-nodeplugin-rbac.yaml
# sed -i "s/namespace:.*/namespace: ceph-csi/g" csi-provisioner-rbac.yaml
# oc apply -f csi-provisioner-rbac.yaml
# oc apply -f csi-nodeplugin-rbac.yaml
```

3）复用 Ceph-CSI RBD 插件的 Configmap 和 Secret。

4）插件运行需要 privilege 权限，所以要调整 SCC。

```
# oc adm policy add-scc-to-user privileged system:serviceaccount:ceph-
    csi:cephfs-csi-nodeplugin
# oc adm policy add-scc-to-user privileged system:serviceaccount:ceph-
    csi:cephfs-csi-provisioner
```

5）部署 Ceph-CSI CephFS 插件。

```
# oc create -f csi-cephfsplugin-provisioner.yaml
# oc create -f csi-cephfsplugin.yaml
```

6）验证 Ceph-CSI CephFS 插件。

7）创建 StorageClass。

```
# oc apply -f - <<EOF
apiVersion: storage.k8s.io/v1
```

```
kind: StorageClass
metadata:
  name: csi-cephfs-sc
provisioner: cephfs.csi.ceph.com
parameters:
  clusterID: f99134e9-c5fb-4917-b7e5-372ab4d6a8f0
  fsName: cephfs
  pool: cephfs_data
  csi.storage.k8s.io/provisioner-secret-name: csi-rbd-secret
  csi.storage.k8s.io/provisioner-secret-namespace: ceph-csi
  csi.storage.k8s.io/controller-expand-secret-name: csi-rbd-secret
  csi.storage.k8s.io/controller-expand-secret-namespace: ceph-csi
  csi.storage.k8s.io/node-stage-secret-name: csi-rbd-secret
  csi.storage.k8s.io/node-stage-secret-namespace: ceph-csi
reclaimPolicy: Delete
allowVolumeExpansion: true
mountOptions:
  - debug
EOF
```

8）创建持久性存储卷声明。

```
# oc apply -f - <<EOF
apiVersion: v1
kind: PersistentVolumeClaim
metadata:
  name: cephfs-pvc
spec:
  accessModes:
    - ReadWriteMany
  resources:
    requests:
      storage: 2Gi
  storageClassName: csi-cephfs-sc
EOF
```

9）创建 Pod。

```
oc apply -f - <<EOF
apiVersion: v1
kind: Pod
metadata:
  name: csi-cephfs-demo-pod
spec:
  containers:
    - name: web-server
      image: docker.io/library/nginx:latest
      volumeMounts:
        - name: www-data
          mountPath: /var/lib/www/html
  volumes:
    - name: www-data
```

```
        persistentVolumeClaim:
          claimName: cephfs-pvc
          readOnly: false
EOF
```

10）通过 oc get pod, oc get pvc 命令查看结果。

关于 Ceph-CSI 的更多信息，读者请参考 https://github.com/ceph/ceph-csi。

16.3　以 Rook 方式实现 OpenShift 与 Ceph 集成

除了以 CSI 方式实现 OpenShift 和 Ceph 的集成外，你还可以通过 Rook 实现。本节示例性地介绍以 Rook 方式实现 OpenShift 与 Ceph 的集成。

16.3.1　Rook 简介

Rook 为 Kubernetes 提供开源云原生存储编排服务。它提供平台、框架和对各种存储解决方案的支持，以便与云原生环境进行本地集成。

Rook 将存储软件转变为自我管理、自我扩展和自我修复的存储服务。它通过自动化部署、引导、配置、供应、扩展、升级、迁移、灾难恢复、监视和资源管理来实现。Rook 利用扩展点将其深度集成到云原生环境中，并为调度管理、生命周期管理、资源管理、监控和用户体验等提供无缝衔接。

Rook 提供不同的 Ceph、Cassandra、NFS 存储服务。当前，Ceph 服务已经是稳定阶段，由 Rook-Ceph Operator 实现。截至本书完稿，后两者还处在 Alpha 阶段。

Rook 架构如图 16-4 所示。

Rook-Ceph 有 3 个核心组件，分别是 Operator、Discover 以及 Agent。

（1）Rook-Ceph Operator

Rook-Ceph Operater 是 Rook-Ceph 的核心组件，以 Deployment 形式部署，使用了 Kubernetes 的 CRD 资源，定义了集群、存储池、块存储服务、对象存储服务和文件存储服务等。Rook-Ceph Operator 监控存储守护进程，以确保存储集群正常。其可监听

Rook Discover 检测到的可用磁盘设备，并创建 Ceph OSD 服务。其通过修改 operate. yaml 中 replicas 参数的副本数（默认为 1）来保证 Operate 的高可用性。

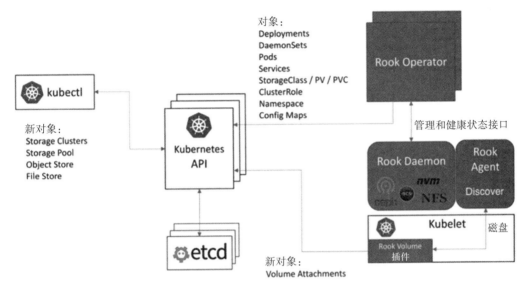

图 16-4　Rook 架构

（2）Rook-Ceph Discover

Rook Discover 以 Daemonset 形式部署在集群的工作节点上。其检测挂接到工作节点上的磁盘设备，把符合要求的磁盘设备记录下来，以提供给 Rook-Ceph Operate 使用。

（3）Rook-Ceph Agent

Rook-Ceph Agent 也是以 Daemonset 形式部署在所有的工作节点上，以便处理所有存储相关的操作，比如格式化文件系统以及挂 / 卸载存储卷等。

16.3.2　部署 Rook-Ceph

在 OpenShift 上部署 Rook-Ceph Operator 比较简单，但需要在工作节点上至少预留一块没有使用的磁盘空间，以便在部署 OSD 时使用。在生产环境上部署 Rook-Ceph 时，我们需要规划好容量和性能需求。

需要注意，如果 OpenShift 集群不能访问互联网，请提前准备镜像并修改镜像配置。下面部署 Rook-Ceph Operator，并在 OpenShift 的客户端运行。

1）下载 Rook，使用配置文件创建基础资源。

```
# cd ~
# git clone https://github.com/rook/rook.git
# cd rook/cluster/examples/kubernetes/ceph
# oc create -f crds.yaml -f common.yaml
# oc create -f operator-openshift.yaml
# oc create -f cluster.yaml
```

2）查看相关 Pod 是否正常启动，部署 Operator。

```
# oc get pods -n rook-ceph
NAME READY STATUS RESTARTS AGE
rook-ceph-agent-d5rgs 1/1 Running 0 35s
rook-ceph-agent-q6b4x 1/1 Running 0 35s
rook-ceph-agent-vl85d 1/1 Running 0 35s
rook-ceph-operator-389d6854b9-8293w 1/1 Running 0 65s
rook-discover-68enf 1/1 Running 0 35s
rook-discover-hb4xl 1/1 Running 0 35s
rook-discover-g1jlk 1/1 Running 0 35s
```

3）创建 Ceph 集群。

```
# oc create -f cluster.yaml
# oc get pods -n rook-ceph
NAME READY STATUS RESTARTS AGE
rook-ceph-mgr-a-7f6f66b8bf-jt9q4 1/1 Running 0 95s
rook-ceph-mon-a-6f64d98cb8-f6rrm 1/1 Running 0 3m7s
rook-ceph-mon-b-5cf6d94d64-8qrs7 1/1 Running 0 2m31s
rook-ceph-mon-c-85d74649d4-r99ng 1/1 Running 0 112s
rook-ceph-osd-0-7795cd8696-nhwgx 1/1 Running 0 57s
rook-ceph-osd-1-cdcc9cb7b-886w6 1/1 Running 0 58s
rook-ceph-osd-2-7bdd4fb84c-8gjbw 1/1 Running 0 56s
rook-ceph-osd-prepare-ip-10-0-142-20-v2fsh 0/2 Completed 0 71s
rook-ceph-osd-prepare-ip-10-0-159-59-277vl 0/2 Completed 0 70s
rook-ceph-osd-prepare-ip-10-0-175-128-jvtmw 0/2 Completed 0 69s
```

4）创建 toolbox 工具容器，以便管理 Ceph 集群。

```
# oc create -f toolbox.yaml
```

5）toolbox 工具容器启动完成后，登录并执行管理操作。

```
# oc -n rook-ceph exec -it rook-ceph-tools bash
[root@rook-ceph-tools /]# ceph -s
  cluster:
    id:     83cf0623-54f9-4e97-8f41-e2ffc8796348
```

```
    health: HEALTH_OKservices:
    mon: 3 daemons, quorum b,c,a
    mgr: a(active)
    osd: 3 osds: 3 up, 3 indata:
    pools:   0 pools, 0 pgs
    objects: 0  objects, 0 B
    usage:   31 GiB used, 328 GiB / 359 GiB avail
    pgs:
[root@rook-ceph-tools /]#exit
```

16.3.3　通过 Rook 使用 Ceph 存储

1）创建存储池。

```
oc apply -f - <<EOF
apiVersion: ceph.rook.io/v1
kind: CephBlockPool
metadata:
  name: rbdpool
  namespace: rook-ceph
spec:
  failureDomain: host
  replicated:
    size: 3
EOF
```

2）创建 StorageClass。

```
oc apply -f - <<EOF
apiVersion: ceph.rook.io/v1
kind: CephBlockPool
metadata:
  name: replicapool
  namespace: rook-ceph
spec:
  failureDomain: host
  replicated:
    size: 3
---
apiVersion: storage.k8s.io/v1
kind: StorageClass
metadata:
  name: rook-ceph-block
provisioner: rook-ceph.rbd.csi.ceph.com
parameters:
    clusterID: 83cf0623-54f9-4e97-8f41-e2ffc8796348
    pool: rbdpool
    imageFormat: "2"
    imageFeatures: layering
    csi.storage.k8s.io/provisioner-secret-name: rook-csi-rbd-provisioner
    csi.storage.k8s.io/provisioner-secret-namespace: rook-ceph
```

```
    csi.storage.k8s.io/controller-expand-secret-name: rook-csi-rbd-provisioner
    csi.storage.k8s.io/controller-expand-secret-namespace: rook-ceph
    csi.storage.k8s.io/node-stage-secret-name: rook-csi-rbd-node
    csi.storage.k8s.io/node-stage-secret-namespace: rook-ceph
    csi.storage.k8s.io/fstype: ext4
reclaimPolicy: Delete

    EOF
```

3）创建应用使用存储，如果不能访问互联网，请提前准备相关镜像并修改镜像配置。

```
# oc create -f mysql.yaml
# oc create -f wordpress.yaml
```

4）查看持久性存储卷声明。

```
# oc get pvc
NAME             STATUS VOLUME                                    CAPACITY ACCESSMODES AGE
mysql-pv-claim   Bound  pvc-74562dbc-efc4-45e6-bc2e-1dc47a4566ee 20Gi        RWO       1m
wp-pv-claim      Bound  pvc-09743169-efc2-45e6-bc2e-1dc47a4566ee 20Gi        RWO       1m
```

关于更详细说明与文档，读者请参考 https://rook.io/docs/rook/v1.5/ 和 https://github.com/rook/rook。

16.4 本章小结

本章介绍了 Ceph 与 OpenShift 的两种集成方式，分别为 Ceph-CSI、Rook。Rook 是和容器平台集成的推荐方式。如果你需要企业服务支持，可以考虑使用 OpenShift 容器存储集成。

在实际应用过中，你需要考虑不同存储类型的特性与业务应用需求是否匹配，比如目前块存储不适合多写。在 Rook 的实际应用中是采用计算与存储融合，还是计算与存储分离，你需要综合考虑业务对性能及安全等的具体需求。